018

筑苑·园林漫话十二谈

周苏宁 著

中国建材工业出版社

图书在版编目（CIP）数据

园林漫话十二谈 / 周苏宁著 . -- 北京：中国建材
工业出版社，2021.8
（筑苑）
ISBN 978-7-5160-3238-1

Ⅰ．①园… Ⅱ．①周… Ⅲ．①园林建筑 Ⅳ．
① TU986.4

中国版本图书馆 CIP 数据核字（2021）第 123539 号

内 容 简 介

园林是历史，展现源远流长；园林是哲学，追求天人合一；园林是诗画，讲究意境之美；园林是书法，体现浑然天成；园林是灵感，表露灵智所至；园林是天性，呈现情志自由。本书围绕园林漫话，从世界造园体系、中国园林的起源和文化精神，到苏州园林的历史、文化、艺术、理论以及当代价值等各个方面，做了比较全面、系统的介绍。

本书为专业与科普相结合的通俗读本，适合园林工作者、文史研究者和文化旅游爱好者阅读。

园林漫话十二谈
Yuanlin Manhua Shiertan
周苏宁　著

出版发行：中国建材工业出版社
地　　址：北京市海淀区三里河路 1 号
邮政编码：100044
经　　销：全国各地新华书店
印　　刷：北京印刷集团有限责任公司
开　　本：710mm×1000mm　1/16
印　　张：10.75
字　　数：130 千字
版　　次：2021 年 8 月第 1 版
印　　次：2021 年 8 月第 1 次
定　　价：**68.00 元**

以心作苑

築苑闲天人築

孟兆桢

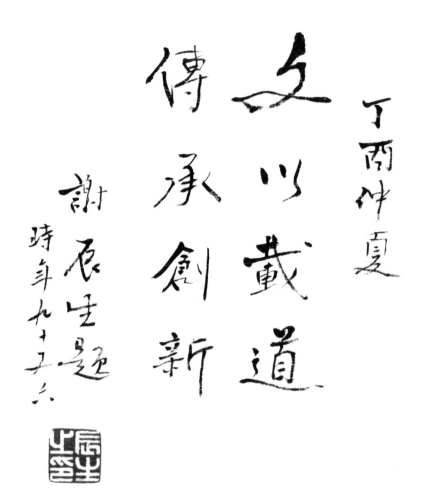

文以载道
传承创新

丁酉仲夏

谢辰生题
时年九十六

谢辰生先生题字
国家文物局顾问

筑苑·园林漫话十二谈

主办单位

中国建材工业出版社

扬州意匠轩园林古建筑营造股份有限公司

顾问总编

孟兆祯　陆元鼎　刘叙杰

特邀顾问

孙大章　路秉杰　单德启　姚　兵　刘秀晨　张　柏

编委会主任

陆　琦

编委会副主任

梁宝富　佟令玫

编委（按姓氏笔画排序）

马扎·索南周扎　王乃海　王向荣　王　军　王劲韬　王罗进　王　路
韦　一　龙　彬　卢永忠　朱宇晖　刘庭风　关瑞明　苏　锰　李　卫
李寿仁　李国新　李　浈　李晓峰　杨大禹　吴世雄　吴燕生　邹春雷
沈　雷　宋桂杰　张玉坤　陆文祥　陈　薇　范霄鹏　罗德胤　周立军
赵俊焕　荀　建　姚　慧　秦建明　袁　强　徐怡芳　郭晓民　唐孝祥
黄列坚　黄亦工　崔文军　商自福　傅春燕　端木岐　戴志坚

本卷编者

周苏宁

策划编辑

王天恒　李春荣　时苏虹　杨烜子

版式设计

汇彩设计

投稿邮箱：6021594112@qq.com

联系电话：010-88376510

传　　真：010-68343948

筑苑微信公众号

中国建材工业出版社《筑苑》理事会

作者简介

　　周苏宁，苏州市风景园林学会常务副理事长，《苏州园林》主编，UNESCO亚太世遗中心古建筑保护联盟副主席，从事苏州园林、世界文化遗产保护管理和学术研究30余年，在承办苏州古典园林申报世界遗产、申办UNESCO第28届世界遗产大会、建立UNESCO亚太地区世界遗产培训与研究中心、世界遗产保护监测、世界遗产青少年教育、苏州园林历史文化研究等工作中成绩显著，具有丰富的实践经验和理论水平，曾获苏州市文物保护先进工作者称号，先后6次荣立三等功，2010年获中国文化遗产保护杰出人物年度贡献奖。已著述500多万字，专著或与他人合著的主要作品有《世界文化遗产——苏州古典园林》《中国厅堂·江南篇》《苏州园林与名人》《苏州园林魅力十谈》《园趣》《沧浪亭》《苏舜钦》《拙政园文史揽胜》等十余种，责编《苏州园林文化丛书》（7卷）《苏州园林艺文集丛》（6卷），主纂《苏州园林风景和城市绿化志》（21卷17册），多篇论文、著作获省（部）、市级奖项。

不到园林　怎知苏宁如许

刘　郎

　　苏宁是苏州园林的活字典，自二十年前请他出任《苏园六纪》的顾问之后，但凡有什么疑难，我总要请教他。若问起苏州园林前世今生的那些事，他不仅如数家珍，甚至连"家"里的一切，都会脱口而出，这是因为，他的心，就住在苏州园林的这个家。

　　我以为，作为园林之城的苏州，其实是存在着两种园林的：一是现实的园林，二是学术的园林。大家都知道，现实的园林曲径通幽，移步换景，"虽由人作，宛如天开"什么的，这些词汇，都在人们的口头上，若是游得多了，也会领悟到山石、水体、楼台、花木还真是苏州园林的四要素。但是，要是说起学术的园林，话就长了。

　　我还以为，学术的园林，也同样存在着四要素——不知准确不准确，即：文史沧桑、营造美学、独到见解与文字功夫。在中国园林的历史上，园林营造和园林学术，其实是同步发展并互为因果的，因此，只有集以上要素于一身，再在学术上"移步换景、曲径通幽"，才会渐渐地走进园林文化的最深处。

　　而作为本书的作者，苏宁正是后面这种人。

　　苏宁投身园林界，年头实在不算短，所以，他对苏州园林的一草一木，都有着深深的情感，若用一个比较土俗的句子打比方，那就是"是块石头，也焐热了"，而正是在那些大量著述的行行字迹里，他注入了自己最好的年华。

　　苏宁的学术实践，大致分为三大块——研究性的文章撰写，专业性的期刊编辑，与工程性的丛书统稿。但凡写过一点文字的人都会有这样的感受——所谓学术，其实与创作是一样的，也都是最终的快乐与过程的艰辛共生共存的，所以说，上面列举的三大块，其中的任何一项，真要干好了，都得像熊十力先生所说的那样，"甘于枯淡"，甘于"潜修"。曾有一则外国的段子这样说："一个人若是犯了罪，不必判他的刑，让他干什么？——让他编辞典。"这当然是笑话，但足证一如丛书统稿之类的活儿，往往都是苦差事，而苏宁的名字，恰恰就印在许多套史志丛书或艺文丛书的版权页上。泰戈尔所说的"生如夏花之灿烂"，听起来简直美死了，但是，只要你认真地尝一下，这艺术的根，其实苦得很呢！

当然，现在的这本《园林漫话十二谈》，只能算是苏宁的"小炒"，还算不上是他的"大菜"，但是，即便是这本小册子，仍然有他的大学问。我以为，任何一位有文德的学者，无论是大著作，还是小文章，写作的时候，他都会对自身的学术、对将来的读者十分恭敬，所以，我最为崇敬的，就是这种绝不会"看人下菜"的人。

虽然我只是一个电视"手艺人"，但也喜欢看一点别人的文字。如果说风格即是人，那么，每一位作家的文字，都会是他本人性格的投影，或口无遮拦，或老成持重，或外表华丽，或恭俭温良，赵钱孙李，周吴郑王，是很容易进行人脸识别的。而苏宁的文字，也正像他本人，总会给人以淳朴而厚道的印象，并每每让人想到先贤的教导——写文章关键是要"修辞立其诚"。

正因为苏宁的为人如此，所以，他便有着很好的口碑，有着很好的人缘。我在苏州的园林界，就是由于苏宁的原因，才结识了许多好朋友。园林学术的研讨活动，往往也就是朋友们聚会的好机会，有时候他没来，大家总会惦记他，总觉得缺了一位紧要的人。人和人交往，依我的理解，是有两种情况的：一是蜜月型，一是恒久型。前者是刚刚结识的时候，热度极高，时间一长，也就凉了；后者是越交往越恒久，越交往越深切。当下交朋友，交到一位厚道人，都是福分，而嘴上总把交情说得十分动听的人，却往往靠不住。人和人交往，前提自然是魅力，但不管你有什么魅力，人的淳朴与厚道，才是真正的磁场，一如我的朋友周苏宁。

园林这种艺术，也很像一个极有魅力的人，你和它交往久了，就会被它迷上的。园林大家陈从周先生迷上了它，看到园林的圮毁，竟然会老泪纵横，并写下了"池馆已随人意改，漫盈清泪上高楼"，这让人想到，所谓难以割舍，是只有爱得深了，舍的时候，才有"割"的感受。苏宁也是一位已经迷上园林的人，他登上园林的高楼，会不会"漫盈清泪"，我不敢说，但我敢保证，他对苏州园林的痴爱，不会比先贤差多少，就比如《苏州园林》创刊已经四十年，而苏宁接手并编辑它，也已经超过三十年，这正应了那句人们常说的口头语："人生能有几个三十年"。又有人说，做编辑是"替他人做嫁衣裳"，说得倒是没有错，但语中却略含轻慢之意。我也见过有些文学刊物的编辑，把编辑当成副业，看别人的稿子走马观花，走心处只在想着自己当作家。苏宁则不然，主编干了三十年，把青年干成了壮年，把青丝干成了白发，直到现在，他还仍然像一位绝对尽职的园丁，打理着这片一往情深的园林——虽然这座园林是由文字营造的，但在园林里面，却有着平远、高远与深远的文化景观。

苏宁所编的《苏州园林》已近百期，堆起来已有半人高，但是，它其实又只是一层窗户纸，只要一经捅破，所有有心的人们，就可以领略到园林世界的万水千山。

身为一个老男人，刘郎当然不是杜丽娘，但是，杜丽娘在《牡丹亭》里的那段唱词，我却是相当熟悉的。"不到园林，怎知春色如许"，我在多部片子里，都曾引用它。拜读苏宁的书稿之后，我又自然而然地想到了它，并将它当作了这篇小文的题目。应当说，这只是心心所念，发乎衷怀，丝毫没有篡窃的意思。假如大家仍以刘郎此言为诬语，那么，你就找个机会，约上苏宁，去游人并不是很多的艺圃，面窗临水，静下心来，喝一回东山的碧螺春吧。

2021年3月25日撰竣，杏花初开，樱桃如豆。

（作者：刘郎，著名电视艺术片编导，全国首批国务院津贴专家，六集电视艺术片《苏园六纪》总编导、撰稿人）

园林的典雅，犹如拈花的优美。拈花，常用来形容一种优雅的举止，或女子的秀姿；引申到一个人的风流，就被称为拈花惹草了；而拈花弄月，则另有了一番闲情逸趣；拈花一笑，却是深深的禅意，所谓"佛祖拈花，迦叶一笑"，达到一种心心相印的境界。花木有情，其实就是人之心灵返照。

对花草的喜爱，是人类来自原始生活的自然"天性"。从山花野草到侍弄花木，人类在解决了基本衣食住行之后，便会情不自禁地拈花弄月，问水寻山，去营造绿意盎然的生活空间。久而久之，就有了一种专门的技能和艺术——造园。

如果我们去细细寻觅，慢慢品味，就会发现，园林有时那么古老而久远，却又与我们如此咫尺相邻，生机盎然；有时那么深邃无比，却处处可亲可爱，赏心悦目，行与思间，灵感拨动，精神蔚然。由此，在我看来：

园林是历史，展现的是源远流长；

园林是哲学，追求的是天人合一；

园林是诗画，讲究的是意境之美；

园林是书法，体现的是浑然天成；

园林是灵感，表露的是灵智所至；

园林是天性，呈现的是情志自由。

正因为我们每一个人的潜意识中都有自然的天性，所以，园林总让我们寻寻觅觅，趣味无穷，拈来的便是花香。

因此，中外著名造园家们都不约而同地认为，园林之情趣，远比技巧和方法更重要。

周苏宁

2021 年 3 月

目 录

一谈：中国园林的世界地位

苏州人是为此骄傲的。为什么这样说？

1997 年 12 月 4 日，一个为全球文化界瞩目的大会——联合国教科文组织世界遗产委员会第 21 届会议，在审议苏州古典园林申请列入《世界遗产名录》时，一位美国专家在评价苏州古典园林价值时，说了这么一句："中国园林是世界造园之母，苏州古典园林是中国园林的典型代表。"这个结论性的评语，不仅作为苏州古典园林被批准列入世界文化遗产时至关重要，而且在国际舞台上再一次确定了中国园林的世界地位——世界造园之母，而作为中国园林的典型代表，苏州园林从此以崭新的姿态走进世人眼帘。

这个"母本"可以上溯到三千年前。大约从公元前 11 世纪起，到 19 世纪末叶止，在漫长的发展过程中，中国古典园林不断地自我完善，形成了独树一帜的园林体系。它不仅是中国古代文化的一个重要组成部分，而且影响亚洲，远播欧洲。

对东亚的影响

早在公元 6 世纪，随着中国文化的输出，造园艺术也随之被带到异国他乡。

隋唐之际，强盛的中华帝国，无论在政治经济方面，还是在文化艺术方面，都呈现出高度的繁荣昌盛，对外交流亦日益广泛。在中外文化交融中，受影响最直接、最深远的是邻邦的朝鲜、日本、越南等亚洲汉文化圈中的国家。中国园林艺术的输出，是随着佛教的传播而进行的，大体的路径是由朝鲜到日本。

　　日本与中国一衣带水，有着共同的种族肤色和相类似的文字，文化上的相互关系更加密切。由于文化背景和思维方式的接近，中日两国从古至今一直进行着广泛的交流。有史料记载的中日文化交流最早可追溯到公元前5世纪，春秋战国时期，由于战乱，有大量的吴越人东渡日本，带去了江南稻作农耕技术和文化，包括生产工具、生活方式、宗教和文字。在这种文化交流中，中国园林艺术也逐步被日本所吸收，在交融中逐步演变成为一种独特风格（童寯《造园史纲》中国建工出版社1983年2月版）。（图1）

图1　日本京都金阁寺庭园

6世纪初，隋唐之际，日本推古女皇二十年（613），（图2、图3）大臣苏我马子不断派出使者全方位地学习中国文化，也学到中国造园法，在日本建造了他的第一座庭园。苏我马子是一位虔诚的佛教徒，推动了佛教在日本的传播（图4）。也正是这个原因，他在造园过程中取法中国园林形式，把中国两汉以来园林造景中常见的海上神山加以嬗变，穿池筑岛，形成一种风格。《日本书纪》记载苏我马子宅园："家于飞鸟河之傍，乃庭中开池，仍兴小岛于池中，故时人曰岛大臣。"苏我马子在引进大隋的社会制度和文化的同时，进一步推动佛教的传播，其间他又建造了苏我氏的家氏寺飞鸟寺，在寺内庭院中有池、岛、山、桥，池泉园风格明显。山为"须弥山"，桥名"吴桥"，都是典型的中国园林风格。当时从事建造园林的匠师和工人都是从朝鲜渡海过去的，日本人称他们为"路子工"，而这些工匠的技艺又都是传承于中国，这些匠师可以说是日本造园的启蒙老师（图5）。

图2　日本第一位女天皇——推古女皇

图3　推古女皇社址

图4　苏我马子

图5　推古天皇始建的法隆寺

　　此后十几个世纪中，日本的造园的形式有了很大变化，形成了自己独特的园林艺术和审美特色，主要有寝殿庭园、枯山水庭园、茶庭。但其意境仍然很"中国化"，最典型的是日本庭园命名及建筑物题额，多用汉字，表达风雅根源（图6、图7）。明代的中国造园理论家计成所作造园专著《园冶》，流入日本后，译为"夺天工"，被造园界奉为至宝，称之为"世界最古造园专著"，并以此为教材，在大学里开设了园林专业。

图6　日本桂离宫茶室"月波楼"

　　兼六园，日本名园，位于石川县金泽市，面积约11.7公顷，与冈山市的后乐园、水户市的偕乐园并称作日本三名园。1922年，被指定为国之名胜；1985年，被指定为国之特别名胜。

图 7　兼六园，起源于 17 世纪中期加贺藩在金泽城的外郭造营的藩庭，是江户时代代表的池泉回游式庭园。

对欧洲的影响

欧洲园林有着悠久的历史，早可追溯到公元前 1000 年左右，古希腊诗人荷马歌咏他生前 400 年时期的希腊园庭：周边围篱，引入溪水，生产蔬菜，有终年叶绿花开、果实累累的植物，面积之大有的达到一公顷半。可见，当时的园庭主要还是模仿人类耕种、改造自然的生产生活，以经济和实用为主，之后逐步演进为游乐的园林。欧洲园林长期受古希腊哲学思想影响，其中尤以苏格拉底、柏拉图和亚里士多德最为著名，他们共同奠定了西方哲学基础，影响深远。

16 世纪著名的英国哲学家培根有一篇专论《论造园》，这位哲学家当时就开始注意世界造园活动具有人类生活的共同点，指出："文明人类先建美宅，营园较迟，可见造园艺术比建筑更高一筹。"培根作为一位哲学家，他为什么要研究园林？他很早就认识到园林不仅仅是花花草草，风花雪月，而且蕴含着哲学意味。欧洲在古代经典哲学思想的指导下，普遍认为美就是和谐，和谐就是一种数量关系，美就是对象的比例所组成的和谐，从而在美学范畴中形成了经典的"黄金分割线"。欧洲园林就是沿着这样的思想发展路径形成几何式园林风格，以中轴对称或规则式建筑布局为特色。文艺复兴之后，欧洲园林开始发生变化。这与当时世界经济发展有着密切关系。随着中国海运远洋能力的不断提高和发展，在与各民族的社会、经济、文化交流中，中国古典园林艺术也随之传播和影响到世界各地，有文字记载的时代最早可追溯到 17 世纪。1685 年，坦柏尔伯爵在《论造园艺术》中说"中国人运用其丰富的想象力来造成十分美丽夺目的形象""中国花园如同大自然的一个单元"。还有很多例子可以证明中国园林的影响之深刻，最具代表性的是法国和英国。

《马可·波罗游记》中描述的富饶中国成为欧洲大陆的奢华梦境（图 8）。从 17 世纪末至 18 世纪末（此时中国正值清朝康乾盛世时期），欧洲曾长时间流行"中国热"，对中国风的狂热追逐曾经是当时欧洲社会的普遍时尚。

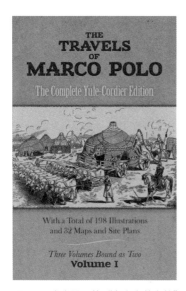

图 8　西方人最早的"东方启蒙书籍"——《马可·波罗游记》

1699 年 12 月的最后一天，法国宫廷曾以一种中国式大型节目的庆典形式迎接新世纪的到来。"太阳王"路易十四在法国凡尔赛宫金碧辉煌的大厅里举行盛大的舞会时曾身着中国式服装，坐在一顶中国式八抬大轿里出场，使得全场顿时发出一片惊叹声（图 9）。玛丽安娜·鲍榭蒂在《中国园林》中说："这种对中国的梦幻，在日后的一百多年间传遍了整个欧洲大陆。"各种艺术流派和哲学思想开始积极求变。当时的欧洲中心在巴黎，在这里，通过传教士的信件，不断地有来自中国的惊人信息。但最早受中国园林影响的是英国。

图 9 《便宴》壁毯：《便宴》壁毯，制作精良，其恢宏华丽的画风正是路易十四时期巴洛克艺术的特征

由于欧洲古典园林过于呆板规整，特别是法国、意大利规则式园林几何形式布局易感拘束单调，植物需要经常剪修锄割，英国开始探索园林的新形式。与中国园林的传统几乎相似，在英国，也是文学家和画家们倡导了全新的风景园林。1685 年，从未去过中国的威廉·坦普尔依据荷兰以及传教士的材料来源，描述了中国园林的美丽风景，

引起英国普遍的轰动。在变革过程中，从早期以罗马式园林风格向追求本土古拙淳朴风格转变，并开始吸收中国园林的自然风格。到了18世纪70年代，浪漫主义在欧洲流行，园林艺术的浪漫情怀占据上风，中国园林的自然情趣和诗画写意风格受到推崇，英国的自然风景园获得发展，达到了很高的水平，创造出与欧洲古典主义园林完全不同的自然风景园，被称为"英华庭园"。现存的英国中部的毕达福农庄是英华庭园一个完整的实例。自然风景园已成为英国独具一格的园林形式，这种园林因地制宜地与园外环境结为一体，便于利用原始地形和乡土植物，所以被各国广泛运用于城市公园，也影响到现代城市规划理论的发展（图10、图11）。

图 10　英国伦敦丘园的中国塔

图 11　英中式园林中"中西合璧"的建筑物

法国从 17 世纪中叶开始接受中国园林艺术，模仿中国的造园手法。法国国王路易十四仿效南京琉璃塔，于 1670 年在凡尔赛建筑富有中国情调的"蓝白瓷宫"。但在造园实践上，人们的思想仍然受到几百年固有的几何图形的束缚。在整体的思想保守中，又受到英国"英华庭园"的影响，有局部"突破"。路易十五在凡尔赛的"小翠雅农宫"附近经营带英国田园风味的农舍，四周则模仿中国园林布局的曲径溪流，王后戏扮农妇，以操作田舍杂务为乐。由于皇室的影响，仅巴黎地区就有具备中国式桥亭的园林二十多座，至今仍然留存多处遗址（图 12）。

图 12　法国维顿尔府花园中的"中国桥"

　　德国 16、17 世纪师承荷兰，18 世纪又抄袭法国豪华作风，但贵族穆斯高（1785—1871，诗人、交际家）因为仰慕英国的莱普敦，而仿建莱普敦所师承的布朗式风景园，也无形中吸收了中国园林艺术元素（图 13）。

图 13　慕尼黑英式公园里的"中国木塔"

　　中国园林对欧洲的影响，还表现在植物运用和研究上。中国园林里植物的运用品种，在世界上是首屈一指的。中国是世界三大植物王国之一，植物丰富多彩，利用历史悠久。欧洲人对植物的系统研究却很晚，17 世纪以后受到中国的影响。波兰人博伊姆（Michael Boym）将《本草纲目》译成拉丁文，名叫《中国植物志》（*Flora sinensis*），于 1659 年出版，对欧洲植物学的发展起到非常大的影响，在当时，植物学作为一门发展中的科学，中国的水平远比欧洲高出许多。一百多年后，落后的欧洲园艺界做了许多开创性工作。巴黎植物园通过传教士皮埃尔·丹卡维尔耶（Pierre d'Incarville）就寄回中国植物标本 4000 个。俄国的德裔植物学家亚历山大·冯·本格博士（Alexander von Bunge）是第一次把北京周围的许多植物描述下来并做成标本带回国。他们都是通过丝绸之路，非常艰难地把中国植物情况带回欧洲。瑞典的植物学家林奈（Caroius Linnaeus，1707—1778）通过多年对世界动植物研究，开创性地提出植物命名"双名法"，统一了生物命名系统。瑞典国王任命林奈为全世界第一位专教植物学的教授。李约瑟（Joseph Needham）在他的《科学的普遍主义》一书中说，大约是1780年被称为西方植物学同中国相比处于决定性领先地位的转折点。据俄国E. 布莱特施耐德《在中国的欧洲植物采集者的历史》（1898年出版）提及的人物有600个名字，是这些既有专业知识又有吃苦精神的人，把中国植物和园艺传播出去。

18世纪中叶以后，随着工业革命的兴起，再加上新大陆的发现，进一步扩展了对植物的认识，欧洲造园受中国影响而展开新的一页，形成"中国庭园热"，欧洲造园理论也随之发生变化，最典型的莫过于英国乔治时期最负盛名的建筑师威廉·钱伯斯（William Chambers，1723—1796），他是一位认真研究过中国园林的学者，在其《论东方造园艺术》中，很明确地说"中国人设计园林的艺术确是无与伦比""像中国园林这样的艺术境界，是英国长期追求而没有达到的"。他还有一个值得玩味的论点：比较中国园林与欧洲园林，拘泥于争论孰优孰劣，是徒劳的；倘若与其各自领域中之相关艺术、哲学及生活和谐一致，则两者同样伟大。他主持的丘园设计中（1757—1763），模仿中国园林手法挖了池，叠了山，造了亭，建了塔，特别是中国塔在欧洲引起轰动，引起了一股中国园林热。王公贵族、富商巨贾，纷纷仿制中国的亭、阁、榭、桥及假山等，成为英国图画式园林区别于自然风景园的重要标志，后被称为"英华庭园"。之后，"英华庭园"波及欧洲各地，"中国庭园热"延绵了一百多年，相效成风，范围远达匈牙利、沙俄、瑞典。法国贵族吉丹（1735—1808）甚至认为：凡不能入画的园林都不值一顾。曾作为英国古典园庭范本的意大利，到18世纪初，罗马的"布尔基斯庄园"（Villa Borghese）也被划出一区，延请英国造园家穆尔加以改造，使本来西方式的规则平面布局变为中国式的随意安排的自然格局。总之，欧洲的自然风景园不断完善，最后完全取代了传统的依轴线排列、严整对称的古典园林，成为西方造园艺术的主流。

对当代世界文化的影响

20世纪初，西方社会兴起现代派艺术，出现了抽象艺术、表现主义、立体主义、野兽主义等艺术派别，强调表现主观感受和意象，重视形体的抽象和组合，欣赏线条的形式美，与中国传统艺术重表现、讲究情趣、重感悟、讲究意境的主张有更多的共同语言。所以，许多人认为，当代西方现代艺术的兴起，与中国传统艺术有着异曲同工，或者说呈现一种文化大融合的趋势。在这样的大文化背景下，以表现意象为特征的中国古典园林经过一个多世纪的沉默后，又重新引起西方人的注意，并有了新的变化，即从过去引进造园艺术形式，到当今形式和内容整体引进。

1954年，英国剑桥大学教授李约瑟出版了一部大部头巨著《中国科学技术史》，总结了中国2000年的科技史，被中国人奉为科技圣经。李约瑟的系统研究不仅在20世纪40年代首次提出了"中国四大发明"论断，轰动了世界，鼓舞了国人士气（这一成果在当时"抵得上国军10个师"——张召忠语）。而且把科技与文化结合起来研究，在这部不朽之作中，对中国园林也作了精辟论述。但50年代之后，中西方隔绝，文化交流也一度中断，一直到20世纪70年代末才有所突破，而这个突破正是从"园林"开始。

40年前，世界著名的美国纽约大都会艺术博物馆，为了陈列具有东方文化神韵的明代家具而建造的"明轩"，上演了一场中西方文化交融的大戏（图14）。

图14　现代中国第一个园林出口工程——美国纽约大都会艺术博物馆内的中国庭院——明轩

之所以说是"大戏"，是因当年纽约大都会博物馆从一个美国古董商那里购买了一批中国明代黄花梨家具，准备置放在博物馆的二楼东亚艺术馆里。为了给这些最具中国传统文化元素的明代家具寻找一个合适的陈设的背景，博物馆董事、阿斯特基金会负责人文森·阿斯特夫人（Vincent Astor，她曾在北京度过了童年时光。她的丈夫文森特1959年乘泰坦尼克号而去世，留给她6200万美元遗产，此外还有6000万美元基金。阿斯特家族的成员都是美国上流社会的知名人士，向艺术界、卫生保健机构和教堂捐助了大量款项。文森特去世的时候告诉妻子，应该用一段"非常好的时光"把自己留下的钱捐出去。从此阿斯特夫人就开始了为慈善千金散尽的新人生)，愿意出资建造一座中国式庭院来安放它们。此建议得到博物馆主任托马斯·霍文的支持。博物馆方面先是委托了纽约著名的舞台艺术专家美籍华人李明觉进行设计。李明觉1930年生于上海，19岁赴美，1983年以百老汇歌剧《K 2》获美国舞台艺术最高奖——"托尼奖"，后长期担任"托尼奖"提名委员会委员。李明觉与英国的科尔泰、捷克的斯沃博达并称世界舞台美术设计三巨头。李的初步设计方案形成后，与东亚艺术馆艺术顾问、普林斯顿大学艺术考古系主任方闻进行了讨论。方闻时任纽约大都会博物馆亚洲部主任、普林斯顿大学艺术考古系主任，他与阿斯特夫人均对设计方案不甚满意，关键是未能体现中华文化的内在气质。为此他们计划要到中国实地考察。

　　1977年冬，当时中美两国尚未建交，国际上的冷战还没有结束。在这样一个时代背景下，经过一番特别程序，美国文博界组织的"中国古代绘画考察团"终于获得批准来华访问，大都会的方闻先生随团而来，先后考察了福建、浙江、北京等地的古建筑，最后来到苏州。方闻在此与陈从周会面，一同参观了苏州园林，在交谈的过程中一致认为网师园的殿春簃是衬托明代家具的最佳环境。

　　1978年春，方闻回到美国后，便以博物馆的名义致信时任中国国家文物局局长的王冶秋，请求帮助建园。国家文物局又将信转到建设部城建局要求协助，建设部致电苏州园林处得到肯定的答复后，文物局和建设部向国务院报告。5月26日，经国务院研究同意后，国家建委下发（78）建发城字275号文件，"经国务院批准，我国将为美国纽约大都会博物馆仿苏州网师园'殿春簃'建造一座中国庭院"。12月12日，中国驻美联络处文化参赞谢启美代表中方与纽约大都会博物馆签订了建造合同。合同规定，明轩需要做两套，先在苏州东园做一套实际大小的模型，待美方确认后再做第二套运往美国。

从此一场中西文化交流的"大戏"的主角——明轩正式登场。对于这个极其重要的项目，国家层面也给予了绝对的重视，所用材料极尽当时之能事。国家特批从成都郊区山林中采伐了珍贵的楠木，自山谷中运向溪涧水中，然后扎成木筏，从长江中运往苏州，用作柱子材料。这种楠木色润棕红色，有一股浓郁的香味，历经几百年也不蛀不朽。要知道，这在清朝仅仅用于皇家苑囿和宫殿的建造；新中国成立后，也只用于极少的重要项目，例如毛主席纪念堂。所用太湖石，也是选取了苏州最好的"花石"（上乘的太湖石别称），可见明轩项目的级别之高。真是几经周折，峰回路转，好戏连台。1980年5月30日，"明轩"终于在美国纽约大都会博物馆内落成，明轩的英文则是以阿斯特夫人的名字命名为 The Astor Court。最权威评价如是说：明轩，中国园林出口的开山之作，架起了中外文化交流的桥梁。

明轩不仅在美国引起轰动和赞誉，也随着它的影响力而在世界各国掀起新的"中国园林热"，中国古典园林成为"文化使者"，相续漂洋过海，远涉重洋，在世界各地安家落户，至今已有百余座。比较著名的有：加拿大温哥华中山公园的"逸园"，新加坡的"蕴秀园"，德国慕尼黑的"芳华园"（图15），英国利物浦的"燕秀园"，澳大利亚悉尼的"中国园"，美国洛杉矶的"流芳园"和波特兰的"兰苏园"（图16）。中国园林出口工程的文化意义，早已超出了园林这道狭小的围墙，成为不同民族、不同文化、不同宗教的和平文化使者。中国园林出口海外工程的园林形式基本上都是"苏式"的，从一个侧面再次证明，苏州园林是中国园林的典型代表。

图15　美国洛杉矶亨廷顿图书馆"流芳园"

图16　美国波特兰"兰苏园"亭桥水景

　　这种"中国园林热"也引起了国际上的中国园林研究热。一批国际著名的学者在研究中国历史文化中，把中国园林作为研究的重点，他们看到一个现象，中国园林集中国传统文化之大成，具有典型的东方文化符号。对中国园林、苏州园林颇有研究并取得丰硕成果的英国伦敦大学艺术史专业柯律格教授曾说过一句耐人寻味的话："中国历史具有世界意义，我希望把中国历史变成整个世界历史的话题之一，让世界更多的人来关注中国。"这种把园林放在大历史观照下的艺术史研究，也进一步推动了世界的"中国园林热"。（参见本书第十二谈"其次，从国际学术研究来看苏州园林的世界影响"）

二谈：世界三大造园体系

　　说起造园，很多人都把它当作花匠的活儿，这是旧时的认知。在当代，园林作为城市生活的重要组成部分，已经不仅仅是花花草草，而是有着生态、文化、社会等多重功能。按照现代学科的定义，我国风景园林专业属性，在城乡建设领域与建筑、规划并列为三大一级学科，"是用科学和艺术的手段来营造户外人居环境空间的学科"，涉及空间布局、形态营造、遗产保护、工程技术、生态环境、大地景观、公共服务等一系列问题，是艺术与工程相结合的产物。

　　园林是一个古老而长青的行业。园林作为人与自然和谐相处通过感性创造的产物，它必然与人类的生产生活密不可分，特别是在居住环境的改善、美化过程中，园林始终伴随着人类文明的步伐。长期以来，造园活动属于建筑行当，建筑师对造园可以说是情有独钟，他们在设计建筑物时都要考虑庭院，好的建筑师对造园总是特别感兴趣，力求造出美轮美奂的园林。但与建筑相比，似乎造园更难，很难取得上佳的成就。所以英国哲学家培根有一句著名的论点："造园艺术比建筑更高一筹。"尽管如此，在人类数千年的历史中，各国的建筑艺术家还是创造了众多杰出的各种类型、各种风格的园林，并逐步形成了不同的体系。国际园景建筑家联合会 1954 年在维也纳召开的第四次大会上，英国造园家杰利克在致辞时把世界造园体系分为中国体系、西亚体系、欧洲体系。

中国体系

中国园林与中国文化一样，都有一脉相承的关系。

中国古代造园活动，从公元前殷、周之际的奴隶社会末期直到19世纪末叶的封建社会解体为止，已有3000多年的历史，从殷商时期出现的皇家独享的"囿""苑"、种果树为主的"园"、种菜为主的"圃"等，到后来各个时代又呈现出的不同阶层、不同形式和风格的园林，互相影响，复合变异，在漫长的历史进程中不断自我完善，逐步形成了世界上独树一帜的中国园林体系。

中国从秦汉开始一直到清末，都是一个高度集中的中央集权封建大帝国，在社会结构上是政权与族权相结合的封建宗法等级制度，阶级分明，等级森严；在文化上以儒家思想为核心，以三纲五常为伦理道德规范，主张仁政，提倡经世济民，以助君主；在经济上以封建土地所有制占主导地位，皇帝、贵族、官僚和地主占有大量的土地，残酷剥削广大农民，整个社会长期处于以小农经济为主的生产方式。这些基本特征表现在园林的形式、内容、功能上，产生了不同的类型，主要有三大类型：皇家园林、私家园林、寺观园林。

皇家园林：属于皇帝个人以及皇室所有，历史上通常称之为苑、囿、宫苑、御园、御园等。在严密的封建礼法和森严的等级制度下，皇帝具有至高无上的地位，是人间的最高统治者，因此，凡属与皇帝有关的起居环境诸如宫殿、坛庙、园林乃至都城，无论是利用名山大川，还是人工再造，在不悖于自然环境的原则上，其总体布局、建筑形式、营造技巧、内部陈设无不显示皇权至尊和皇家气派，以追求神仙极乐世界为能事。从古到今，中国出现过很多著名的皇家园林，如奴隶制时期周文王建造的灵台、灵囿，春秋战国时期楚国的章华台、吴国的姑苏台等，秦始皇建立中央集权帝国时建造的阿房宫、咸阳宫、骊山宫、上林苑等宫苑群，两汉时期在上林苑基础上扩建的上林苑、甘泉宫、未央宫、建章宫（图17）、兔园等，魏晋南北朝时的铜雀台、铜雀园、芳林苑、华林园、芳乐苑等，隋唐时代的大明宫、兴庆宫、太极宫、掖庭宫、芙蓉苑、玉华宫、华清宫（图18）、九成宫、洛阳宫等，皇家园林的"皇家气派"已经完全形成，不仅表现在园林规模宏大、等级森严上，而且表现在园林选址、总体布局、功能使用上，占尽天下形胜之地和风景优美之地，极尽天下之材和良工巧匠。两宋时期的后苑、延福宫、艮岳等，元明清时期的西御、御花园、东苑、香山行宫、畅春园、承德避暑山庄、圆明园、长春园、颐和园以及西北郊庞大的皇家园林群等，皇家园林在时代的变化中经历了大起大落的波折，从一个侧面反映中国封建王朝盛衰消长；明清时代在造园艺术上，达到了历史上的高峰，特别是全面引进南方民间造园技艺，为宫廷造园注入了新鲜血液，造就了堪称三大杰作的避暑山庄、圆明园、颐和园，成为皇家园林的代表作品。

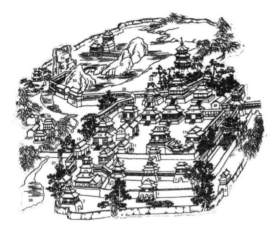

图 17　建章宫图

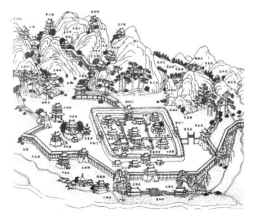

图 18　唐华清宫图

私家园林：属于民间的贵族、官僚、缙绅、商人所私有，历史上称为园、园庭、园亭、园墅、池馆、山池、山庄、别业、草堂等。中国封建社会，以农业为主，农耕是主要的物质财富，"耕""读"为立国之本。在这样的社会中，农民是农耕的主要劳作者，财富的主要创造者；地主阶级则掌握着土地，读书成为他们的"本分"，掌握文化的群体中一部分人成为"文人"或官员。以这两者为主的耕、读家族成为封建社会结构中的基层单元。在基层的地主阶级，包括一部分商人、文人和官僚，结成地方势力，成为缙绅阶层，控制着广大平民百姓，成为中央"皇权"的延伸和支柱。而封建制度下的科举，进一步强化了"学而优则仕"，文人与官僚合流的"士"，成为"士、农、工、商"这个社会等级序列中的首位，提升了读书的重要性。贵族、官僚、缙绅、商人通过财富积累，他们拥有地产、奴仆和金钱，为造园提供了必要的经济条件，为了享受，私家园林应运而生。据记载，西汉武帝以后，私家园林已屡见文献，贵戚王侯的第宅园池、世家大族的庄园规模都相当宏大壮丽，如西汉梁孝王刘武、大儒董仲舒、巨富袁广汉都有私园。还出现了隐士庄园，如东汉的张衡。魏晋南北朝时，私园渐多，著名的有西晋石崇的金谷园，南方则有张长史（名旭）的五亩园、顾氏的辟疆园（图 19）。唐代，山水文学兴旺发达，文人园兴起，出现大量文人园，王维著名的辋川别业，其园林主题成为后世效仿的楷模；白居易不但有大量描写园林的诗文，还先后建造了 4 处私园，园林主题已并非仅仅为了生活上的享受，而在于以泉石养心怡性、培养高尚情操，"道""意境"逐步成为造园主旨和检验标准。宋代的中原和江南是私家园林兴盛的主要地区，中原有洛阳、东京两地，江南有杭州、苏州等地，出现大量著名私园，如洛阳的富郑公园、董氏东园、湖园、苗帅园、独乐园、赵韩王园；杭州西湖的南园等大量私园群，苏州的沧浪亭（图 20）、乐圃等大量私园群，嘉兴的梦溪园、沈园等私园群。文人园把书画艺术与造园结合，逐步形成简远、舒朗、雅致、天然的风格特点，对后世私家造园有深刻影响。元明清的江南，经济发达冠于全国，文化昌盛，人才辈出，文风之盛亦全国首指，加上优良的地理环境和丰厚物产，同时又有大量的能工

巧匠汇聚一地，这一切为造园提供了优越的条件，江南私家园林遂成
为中国古典园林发展史上的一个高峰。特别是苏州，不仅数量众多，
而且历史悠久、文化丰厚、技艺精湛，成为江南园林的代表，素有
"园林城市"之美誉。

图 19　王献之游辟疆园

图 20　苏州现存最古园林——宋代沧浪亭

　　寺观园林：佛寺、道观的附属园林，也包括寺观内部的庭院和
外围地段的园林化环境。中国的两大宗教——佛教和道教，在长期的
发展中形成了一整套管理机制——丛林制度。中国古代的意识形态领
域，长期以来重现实、尊人伦的儒家思想一直占据着主导地位，因
此，中国古代总是以儒家为正统，从而形成儒、佛、道互补互渗，甚

至"三教合一"，历史上还有不少名流"舍宅为寺"的记载，因此在寺观建筑形制上与世俗建筑没有根本差异，基本就是世俗建筑的扩大和宫殿的缩小，表现在园林上，它们也与私家园林没有根本性的区别。东汉时期，佛教从印度经西域传入中国，洛阳白马寺被指定为保存佛经之处。寺，本来是政府机关的名称，从这以后便成了佛教名称。随着佛、道的传播，上到皇家贵族，下到普通百姓，信众甚广，在京城、府、县之所，甚至乡村，都有大大小小的寺观。在中国还有一个现象，天下名山尽寺观，有山就有寺观，这也给寺观园林景观带来了风景名胜的特色（图 21）。

图 21　苏州虎丘山曾是著名寺庙

由于中国幅员辽阔，自然地理差异巨大，地域文化特色鲜明，反映到园林营造的方方面面，显现出不同的地域文化特点，从而形成不同流派，主要有北方园林、江南园林、岭南园林、四川园林等。

西亚体系

西亚体系，通常称为伊斯兰园林，主要是指巴比伦、古埃及、古波斯的园林。它们采取方直的规划，四面有围墙，园中有精心设计的运河、水渠、喷泉，有整齐对称排列的树木，这种严谨风貌，与宗教信仰有关。在他们看来，围墙便于把天然与人为的界限划清，运河代表宇宙间的四条河，水象征生命，被极为爱惜、敬仰甚至神化，绿色代表希望，十字形的林荫路交叉处的水池象征天堂。后来这一手法为阿拉伯世界所继承，超越了国界和气候差异，成为伊斯兰园林的主要传统。甚至一些西方和东方学者认为西亚园林对西方园林有深远影响，日本学者针之谷钟吉在《西洋著名园林》（章敬三译。上海文化出版社，1991）中说：由于西亚文明与西方文明之间的交融，伊斯兰园林对西方中世纪及其以后造园有极大影响，有源流和样板作用。

西亚不仅是亚、欧、非三洲的接合部，也是人类古代文明发祥地之一，伊斯兰教、基督教、犹太教等世界性和地区性宗教的源地。从西亚造园史看，可追溯到5000年以前。按照英国学者汤姆·特纳的分析，西亚是城市最早出现的地方，由于定居、农业的发展，造园活动也随之出现，然后向东向西传播。中国学者童寯在《造园史纲》（中国建筑工业出版社，1983）中指出：西方文明最早的策源地埃及，远在公元前3700年已建有金字塔墓园；基督圣经所说的"天国乐园"（伊甸园），就在叙利亚首都大马士革，按照《圣经·旧约·创世纪》之说，上帝在东方的伊甸，为亚当和夏娃创造了一个乐园，这里有四条河从伊甸之地流出并滋润大地，这四条河分别是幼发拉底河、底格里斯河、基训河和比逊河，这个乐园成为后世比喻的幸福美好生活环境；叙利亚东南的伊拉克，在公元前3500年靠幼发拉底河岸就有花园，传说中公元前7世纪巴比伦空中花园，是历史上第一名园，被列为世界七大奇迹之一（图22、图23）。

图22　巴比伦空中花园

图 23　艺术家想象中的空中花园图

　　相传，新巴比伦国王尼布甲尼撒二世的宠妃，是米底亚王的公主。她嫁到巴比伦后，不耐这里的烈日和风沙，患上了思乡病。尼布甲尼撒二世为博得爱妃的欢心，于是比照宠妃故乡景物，命人在宫中矗立无数的高大巨型圆柱，在圆柱之上修建花园，不仅栽植了各种花卉，还栽种了很多大树，园内奇花常开，四季飘香，远望恰如花园悬挂空中。支撑花园的圆柱，高达 75 英尺（1 英尺 =0.3048 米，下同），所需浇灌花木之水，潜行于柱中，水系奴隶分班以人工抽水机械自幼发拉底河中抽来。空中花园高踞天空，绿荫浓郁，名花处处。后妃畅游其中，虽不戴面幕，亦不虑凡人窥见。在空中花园不远处，还有一座耸入云霄的高塔，以巨石砌成，共 7 级，计高 650 英尺，上面也种有奇花异草，猛然看去，简直似一座山，比埃及金字塔还高。据考证，这就是《圣经》中的"通天塔"。空中花园和通天塔，虽然早已荡然无存，但至今仍令人着迷，津津乐道、浮想联翩。千百年来，《圣经》中记述的故事激起了无数艺术家的想象力，绘画出一幅幅生动的空中花园和通天塔的景象（图 24）。

图24　通天塔

　　埃及，地理位置非常特殊。它在史前作为连接非洲、亚洲、欧洲及其他地区的通道，具有极其重要的战略地位。埃及温热干燥，只有地中海沿岸雨量充沛，但稍南的开罗便湿度不足，降雨量只有海岸的六分之一。最先一批游牧民沿着河流寻找牧场，发现了一片人间仙境般的伊甸乐土，这就是著名的尼罗河下游河谷，植物茂密，各种生物众多，土地肥沃，宝藏丰富（如著名的宝石），成为最理想的定居地，从此开始了他们的家园建设。在生产生活中具有实用意义的树木园、葡萄园、蔬菜园和城市林荫道，促进了园艺的发展。在伊斯兰的观念中，园林不仅是世外桃源，而且是形形色色的、世俗的花花世界。到公元前16世纪，原本用于生产的各种园艺，演变成埃及法老、重臣们享乐和审美的私家花园。比较有钱的人家，住宅内也均有私家花园。有些私家花园，有山有水，设计颇为精美。穷人家虽无花园，但也在住宅附近用花木点缀。市政机关还在城市开辟公园，供公众享用。现在，埃及公元前1375至1253年间的古墓壁画上，仍可看到园庭的方直平面布置。

古波斯园林繁荣发展的地方也就是当今的伊拉克和伊朗的高原地区。造园活动，由猎兽的围逐渐演变为游乐园。波斯是世界上名花异草发育最早的地方，以后再传播到世界各地。公元前5世纪，波斯就有了把自然与人相隔离的园林——天堂园。天堂园四面有墙，园内种植花木。在古波斯这块干旱地区，土地不经浇灌就不生产农作物，因此对水的爱惜、敬仰到了神化的地步，它也被应用到造园中。水不仅一向被视为庭园的生命，是造景的主要元素，而且具有宗教意义，在虔诚的伊斯兰教徒的洗礼仪式中非常重要。公元8世纪，西亚被伊斯兰教徒征服后的阿拉伯帝国时代，他们继承波斯造园艺术，并使波斯庭园艺术又有新的发展，在平面布置上把园林建成"田"字（《圣经》中描述的天堂为四方形状），用纵横轴线分作四区，每方的渠代表一条河，就是水、乳、酒、蜜四条河；水渠两侧为园路，笔直的园路交回到中心，形成十字；十字形的林荫路交叉处设置中心水池，以象征天堂，把水当作园林的灵魂。可见水在园林中发挥着极为重要的作用。此外，水还在浇灌中发挥重要的作用，由于炎热干旱的环境，波斯人还发明了独特的引水浇灌方法，延续了数千年，即：将高山雪水通过地下隧道引入居住地，以减少地表蒸发；还从地下打井把水引入隧道，然后通过隧道或明沟将水点点滴滴，蓄聚盆池，再延伸到每条植物根系。波斯的造园水法后来经由西班牙传到意大利，更演变到鬼斧神工的地步，在这些国家每处庭园都有水法的充分表演，成为欧洲园林必不可少的点缀。

欧洲体系

欧洲园林在发展演变中较多地吸收了西亚风格，通过长期的借鉴和渗透，最后形成欧洲"规整和有序"的园林艺术特色和体系。

意大利的园林成就与其他艺术领域中的成就一样突出。早在帝国时代（那时还没有意大利），富裕的罗马人就开始兴建园林。据目前发掘考证所知，始建于公元前6世纪，毁于公元79年维苏威火山大爆发的庞贝（古罗马城市之一），每家都有庭园，园在居室围绕的中心，而不在居室一边，即所谓"廊柱园"，有些家庭后院还有果蔬园，或者以观赏为主的花园。这些园林遗址至今已发现 450 多处（《世界园林：文化与传统》[英] 罗利·斯图尔特著。周娟译。电子工业出版社，2013）。

公元 5 世纪，希腊人通过波斯学到了西亚的造园艺术，发展成为宅院内布局规整的柱廊园形式，把欧洲与西亚两种造园系统联系起来。公元前 3 世纪，希腊哲学家伊比鸠鲁筑园于雅典，是历史上最早的文人园。希腊造园不似波斯在布局上结合自然，而是整理自然，使之有序，园中有带屋顶的柱廊，园艺空间中用雕像、凉亭、水景来装饰，植物以灌木、花卉、果树为主。

欧洲曾经有这样一句名言："辉煌的希腊和伟大的罗马。"希腊的辉煌在于思想起源，罗马的伟大在于能够广泛采纳那些能够建立法治市民社会的新思想。这两种文明的结合，首先归功于在意大利定居下来的希腊人，然后罗马吞并了希腊帝国。罗马在征服其他地域的同时，也完整吸收了希腊的宗教、哲学、文学、艺术、建筑和园林。罗马帝国还战胜了西班牙、叙利亚、埃及等广大地域，在这样一个幅员辽阔大地上的多民族文明交融中，罗马成为一个巨大的文化熔炉，古罗马继承了希腊规整的庭院艺术，并使之和西亚游乐型的园林相结合，园林艺术不断得到发展，走在整个欧洲前面。罗马园林以严谨、规则为主要特征，有中直线的总体布局，有廊柱环绕的建筑，装饰性极强的绿化，艺术性的喷泉、雕塑。公元 2 世纪，哈德良大帝在罗马东郊建造的山庄，占地达 18 平方公里，由一系列馆阁庭院组成，园庭极盛，俨然是一座小城市，堪称"小罗马"。庄园这一形式成为文艺复兴运动之后欧洲规则式园林效法的典范。其最显著的特点是，花园最重要的位置上一般均矗立着主体建筑，建筑的轴线也同样是园林景物的轴线；建立在山坡地段上的园林则形成台地园的风格；园中的道路、水渠、花草树木均按照人的意图有序地布置，显现出强烈的理性色彩。在这种大规模的山庄园林兴起之时，还有城堡园林、修道院园林和城镇园林（城市广场）等。随着文艺复兴和罗马古典文

化的蓬勃发展，意大利成了整个欧洲的思想启蒙中心，罗马园林在
欧洲风行一时，被视为样板，成为判断文明园林的标准，包括一些与
园林相关的专业词汇，随着罗马园林文化的影响而四处传播，如拉丁
词汇"Horturs"表示植物花园，与铺装庭院的意义相对；"Topiarius"
指在装饰性园林中工作的园丁。在现代英语中，"Topiary"用来描述
罗马园丁喜爱的整形绿篱；"Horticulture"被称为在花园里培育植物
的艺术，中文为"园艺"；"Hortua conclusus"被园林艺术学家用来
描述封闭式园林，与开放式的庄园园林相对照（《世界园林史》[英]
汤姆·特纳著。 林箐等译。 中国林业出版社，2011）。直到 18 世
纪，英国开始形成自己的园林风格，欧洲园林开始发生明显变化
（图 25 ~ 图 27 ）。

图 25　意大利早期的园林

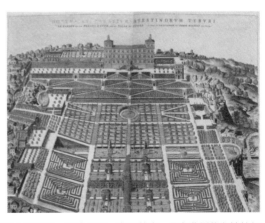

图 26　16 世纪的意大利园林，轴线分明，布局整齐，具有典型的台地特征

图27　意大利园林

　　公元 6 世纪，在西班牙生活的希腊移民把造园艺术带到那里，以后西班牙又成为罗马的属地，造园手法又仿罗马中庭样式（图28）。公元 8 世纪被阿拉伯人征服后，西班牙人又吸取伊斯兰教园林传统，承袭巴格达、大马士革风格（图29）。以后又效法荷兰、英国、法国造园艺术，又与文艺复兴风格结成一体，转化为巴洛克式。在这些渐变中逐步形成了西班牙园林风格，既有意大利以及法国的规则或不规则的自然景观，也有来自英国的田园风光和浪漫的艺术景观，又吸收了来自遥远东方的园林艺术和欧洲诸多其他文化园林建筑风格，将自身奔放的地中海浪漫气息融入其中，形成了西班牙园林艺术特点。园林在规划上多采用直线，有主景观轴，轴线建为十字形的林荫路，交叉处设置中心水池。多采用围合与组团，由厚实坚固的城堡式建筑围合而成庭院，庭园被墙环绕，被水道和喷泉切分，并种植了大量的常绿树篱和乔木。这种园林艺术后来又随着西班牙的海外扩展影响到美洲大陆（墨西哥以及美国等）。

图28　西班牙的罗马式园林

图29　西班牙的伊斯兰园林：阿尔罕布拉宫，建造于13—14世纪

　　欧洲其他几个重要国家的园林基本上承袭了意大利的风格，但由于不同气候、地形地貌以及各国多样的文化，造园活动在整体风格下又有自己的特色，多样而丰富。17世纪之前，意大利园林引领潮流，17至18世纪是法国引领潮流，18世纪中叶后是英国风景式园林成为欧洲效仿的榜样。

　　法国在15世纪末由查理八世侵入意大利后，带回园丁，成功地把文艺复兴文化包括造园艺术引入法国。法国自然条件与意大利不同，虽缺少意大利那种山势结合的水源，但气候温润，适合花木滋长，平畴大泽，素波倒影，比意大利更胜一筹。而且在这一时期，欧洲发生一系列变化，意大利被西班牙所统治，德国在宗教战争中遭受严重破坏，英国处于无君主状态，法国表现出政治和文化的卓越地位，并一直持续到19世纪初。特别是路易十四（Louis XIV，1661—1715）统治时期，艺术作为一项国家政治工具而繁荣。1661年，路易十四开始在巴黎西南建造凡尔赛宫，到路易十五世王朝才全部告成，历时百年，面积达1500公顷，是法国几代政权的行政和生活中心，成为闻名世界的最大宫园，并被视为"最伟大的园林"。此后，法国贵族，然后是欧洲各国，都从凡尔赛宫中得到启发，影响越过了阿尔卑斯山、波罗的海和大西洋。在巴黎也先后兴建了多处著名园林，如南郊的枫丹白露宫园，市内的卢森堡宫园。全世界专制统治者都艳羡凡尔赛宫，竞相模拟，不甘落后，如沙俄彼得夏宫，柏林波斯坦无愁宫，维也纳绚波轮宫，甚至北京长春园的"西洋楼"，都有凡尔赛的缩影。（图30）

图30　凡尔赛宫花园中的植物造景

公元5世纪以前，英国一直是罗马帝国属地，园林也深受罗马形式的影响，有很多经典的仿罗马建筑，未能形成本土的造园风格。英国早期的园林，见于记载的是 12 世纪英国修道院寺园，到 13 世纪演变为装饰性园林，以后才出现贵族私家园林。文艺复兴时期，英国园林仍然模仿意大利风格，但其雕像喷泉的华丽、严谨的布局，不久就被本土古拙纯朴的风格所冲淡。16 世纪的汉普敦宫，是意大利的中古情调，以后又增添了文艺复兴布置，再后来又改成荷兰风格的绿化。17 世纪中叶，英国发生了资产阶级革命，欧洲发生的启蒙主义思想，形成了新一轮的思想解放运动，在文学艺术领域兴起了浪漫主义思潮，在这种思潮影响下，英国人冲破了封建专制制度的牢笼，他们厌恶朝政的腐败，提倡重返自然，回归"高尚的原始人"的理想状态。在造园思想上，他们开始欣赏纯自然之美，反对意大利的中规中矩、法国的人工雕琢等一切不自然的东西，摈弃几何布局、整形的树木、向上喷涌的水柱等（图 31）。同时，他们又受到东方中国造园艺术的影响，17 世纪晚期，中国造园艺术被介绍到欧洲，也传播到英国，英国园林艺术主流趋向自然风格，由规则过渡到自然风格的园林应运而生。具有代表性的造园家和作品有威廉·肯特（William Kent，1686—1748）以罗萨（Salvador Rosa，1615—1673）的风景画为蓝本，创作了白金汉郡的斯陀园（Stowe Landscape Gardens），使西方的风景绘画与造园开始联系在一起；英国诗人和风景式造园家威廉·申斯通（William Shenstone，1714—1763）在《造园艺术断想》（*Unconverted Thoughts of Gardening*）中率先借用画家的术语，称这种园林形式为"风景式园林"（Landscape Garden），以示与传统的规则式园林的区别。此后，"风景式造园"（Landscape Gardening）和"风景式造园家"（Landscape Gardener）的称谓渐渐流行开来，形成了具有英国特色的风景式园林，被西方造园界称作"英华庭园"。这种自然风景式园林本来就与欧洲的绘画和英国的文学相互感应联系，互相影响，因此，"英华庭园"在欧洲受到欢迎，通过德国传到匈牙利、沙俄和瑞典，一直延续到 19 世纪 30 年代。现代公园也出于英国，17 世纪英国伦敦的肯新敦公园、圣詹姆斯公园、海德公园相继开放，到 18 世纪初的伦敦摄政园开放，奠定了现代公园的典型。

图 31　英国自然式园林：斯图海德园

　　17 世纪初，英国移民来到新大陆，同时也把英国造园风格带到美洲大陆。美国独立后逐步发展成为具有本土特色的造园体系——"园景建筑"。唐宁（Andrew Jackson Downing，1815—1852）是美国第一个近代造园家，他的著作《风景园理论与实践概要》奠定了美国景观学专业基础。唐宁的继承者欧姆斯特德（Frederick Law Olmsted，1822—1895），为纽约中央公园的管理处处长，1860 年他首创"园景建筑"一词，首倡造园职业化，在美国影响深远。"园景建筑"逐步发展为现代的"景观设计"专业，并使美国的景观专业处于世界领先地位。

三谈：从"囿"到"园"的演变

从"囿"到"园"的发展，是一个有趣的演变过程。我们不妨先从字面上去玩味一下。

历史上，一般都将苑囿归入皇家园林，而把"园"归入文人士大夫和官僚富商的私家园林。童寯在《江南园林志》中写道：

圜（园）之布局，虽变幻无尽，而其最简单需要，实全含于"圜"字之内。今将"圜"字图解之："囗"者围墙也。"土"者形似屋宇平面，可代表亭榭。"口"字居中为池。"衣"在前似石似树。

古老的汉字多么奇妙！构筑园林的几大要素山、水、建筑、花木，都蕴涵在一个字中。这个"圜"字，我们可以从众多的私家园林中找到诠释。

那么我们的祖先是如何创造这个"圜"的呢？当我们沿着历史的脚印，一路上溯，去寻找答案，于是，就会发现，"园"从"囿"来。

大约在公元前16世纪，黄河流域出现了一个相当发达的国家——商朝。商朝的都城曾多次迁徙，最后一次是国王盘庚在位第三年（前1298）将都城迁至"殷"，从此，政局稳定，诸侯来朝，商朝遂强盛起来。因此，商朝的后期又称为殷。

据考证，殷商时代的甲骨文中，已经有了囿、圃、苑、园这样一

些沿用至今的园林用词，但是，稍微分析一下，便能看出，这些字的甲骨文含义，与现代又有所区别。（图 32）

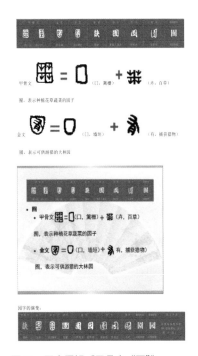

图 32　囿字图解《甲骨文"囿"》

　　原始人类赖以获得生活资料的手段主要是狩猎。进入文明时期以后，农业生产逐步占据主要地位，统治阶级便把狩猎转化为再现祖先生活方式的一种娱乐活动，同时还兼有征战演习、军事训练的意义。到了商朝末年，帝王和奴隶主开始圈地养禽兽，种植刍秣，供他们狩猎游乐，这样的场所称作"囿"。从殷墟出土的甲骨文卜辞中多"田猎"的记载，可以看出，殷代的帝王、贵族都喜欢狩猎。在田野中打猎，千军万马难免践踏庄稼因而引起民愤，于是帝王和贵族开始圈地建囿。

　　公元前 11 世纪，周灭殷，建立了中国历史上最大的奴隶制王国。与此同时开始了史无前例的大规模营建城邑和皇家囿苑活动。周文王在今西安以西曾修建过规模甚大的"灵囿"，方圆 70 里。《诗经·大雅·灵台》描写了文王兴建囿与民同乐的盛况。这首诗先描写了百姓纷纷来给文王修建灵台的情景，然后写文王在灵囿、灵沼时，动物悠然自得的生活状态，最后写音乐响起来的场景，"王在灵囿，麀鹿攸伏。麀鹿濯濯，白鸟翯翯。王在灵沼，於牣鱼跃"。写鹿、写鸟、写鱼，生动活泼，充满乐趣，苑囿中的麀鹿、白鸟、跃鱼等动物已经不是狩猎的对象，而成为观赏的对象，游乐的气氛已经十分浓郁。可以说，囿是中国园林的雏形。

周文王之后，囿的大小已成为封建统治者的政治地位的象征。《毛诗故训传》曰："囿，所以域养禽兽也，天子百里，诸侯四十里。灵囿，言灵道行于囿也。"囿一般都是利用自然的山峦谷地围筑而成，范围很大，天子的囿方圆百里，诸侯的囿方圆 40 里。

学术界普遍认为，囿是中国园林最初的形式，著名建筑学家梁思成先生在《中国建筑史》中说："文王于营国、筑室之余，且与民共台池鸟兽之乐，作灵囿，内有灵台、灵沼，为中国史传中最古之公园。"到了秦汉时代，随着社会生产力的发展和提高，囿的生产功能逐步消退，观赏游乐功能成为主要目的。（图 33）

图 33　周文王"灵台"图（清·毕沅《关中胜迹图志》）

台榭是中国园林的早期形式。在甲骨文中，榭是指靠山的房子。榭字中间的弓箭表明人们可以用弓箭学习武术，后来演变成了今天园林中的建筑形式，习武也成为后世园林中的娱乐活动之一。台是当时的主要园林形式，人们可以从高处俯瞰。当时，人们用灵台看天空，

用时台观看四季，用围台观看飞禽走兽。夏桀的瑶台和商纣的鹿台是
历史上著名的台，这些台方圆三里，高千尺，可以临望云雨，历时七
年而成。在各处建立台已经成为一种普遍的做法。楚有章华台，赵有
丛台，吴王有姑苏台（图34）。"三年乃成，周旋诘曲，横亘五里，崇
伤土木，弹耗人力"，这些项目很庞大，但它的功能只是让人们享受
自然风光、摆宴和狩猎，不再仅仅是为了炫耀建筑本身的奢华。这种
以自然风光为主要形式的早期园林，是中国园林优良传统的开端。因
为当时对城池的规格和模式已经有了严格的规定，《周礼·考工记》
已有要求城池规整和平直的记载，却对园林没有规定严格的轴线设计
要求，仍以自然景观为主要欣赏对象，"天人合一"的思想一直持续
到今天。

图34　吴王离宫别苑之一虎丘山

　　秦汉时期，专为帝王游乐的场所又有了"苑"的名称。古代的
苑、围二字本意是相通的，均指养禽兽、供打猎的场所。从秦开始，
直到最后一个王朝——清代，仍将皇家园林称作"国朝苑囿"。（图
35、图36）

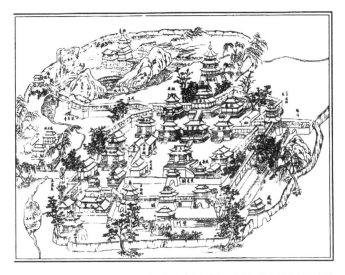

图 35　汉建章宫图（清·毕沅《关中胜迹图志》）

图 36　清皇家园林承德避暑山庄的围猎活动——秋狝大典

　　3000 多年来，自有"囿"的园林雏形起，中国古代多用林、苑、宫、台、囿、圃、庭、园……苑囿、园囿、园田、园圃、园庭、园亭、宅园、别业等名词来表现这一特定的自然环境和游憩境域，沿至今日，虽然词义不完全一样，但基本上都是作为游憩、观赏、祭事、归隐等的境域，都有"园林景观"的内涵。

　　从最初以帝王苑囿为主的园林形态，到后来私家园林的兴起，丰富和完善了中国造园艺术，逐步形成了在世界上独树一帜的造园体系。据现有资料，私家园林最早出现在汉代。《西京杂记》记载西汉文帝第四子、梁孝王刘武喜好园林之乐，在自己的封地内广筑园苑，其中有"兔园"，园中山水相绕，宫观相连，奇果异树，瑰禽怪兽毕备。魏晋南北朝时期，老庄哲学得到发展，隐逸文化盛行，士大夫衷情山水，竞相营建园林以自乐，私家园林一时勃兴。北魏首都洛阳出现了大量的私家园林，成为我国第一次私家造园的高潮。当时的园林已基本具备山水、楼榭、花木等造园要素，如北魏杨玄之《洛阳伽蓝记》评述司农张伦的宅园时说："园林山池之美，诸王莫及。"但当时的私家园林不仅是游赏的场所，甚至作为斗富的手段，造园艺术尚处于粗放阶段。西晋文学家张翰《杂诗》："暮春和气应，白日照园林。青条若总翠，黄华如散金。嘉卉亮有观，顾此难久耽。延颈无良涂，顿足托幽深。"这首诗句不仅道出了"如散金"的斗富情景，而且还道出一种透彻的人生感悟：在政治腐败、社会动荡中，不如一"顿足"，离开京城（洛阳），回家乡去过隐居的生活，去享受"菰菜羹鲈鱼脍"的美味（张翰有名句"吴江水兮鲈正肥"）。造园斗富最著名的例子可谓西晋石崇的金谷园，这座历史上著名的私家园林，位于洛阳、依邙山、临谷水而建，随地势筑台凿地，楼台亭阁，池沼碧波，茂树郁郁，修竹亭亭，百花竞艳，交辉掩映，整座花园犹如天宫琼宇，以形容此园春天美景的"金谷春晴"被称为洛阳八大景之一。石崇生性奢侈放纵，挥霍无度，在金谷园里发生了许多斗富奇事，成为糜烂生活的代名词，也可一窥当时的造园风尚。

　　唐代是我国历史上一个国力鼎盛的时代，园林的发展也达到一个新的高度。与当时的文化艺术并驾齐驱，园林艺术趋于追慕诗情画意和清幽、平淡、质朴、自然的园林景观，著名诗人、画家王维及《辋川别业》是那个时代的典型代表，其诗云："不到东山向一年，归来才及种春田。雨中草色绿堪染，水上桃花红欲燃。优娄比丘经论学，伛偻丈人乡里贤。披衣倒屣且相见，相欢语笑衡门前。"这首诗描写了王维隐居辋川后的田园生活和情趣，别具一格，这种顺乎自然、追求恬淡、寓情于景、诗情画意的写意山水审美取向，对后世文化产生了深远影响，在诗歌上成为“山水田园诗派”的代表，在绘画上被推为“南宗文人山水画”之祖，其精心营造的“辋川别业”成为文人写意山水园林之滥觞的典型，造园活动与山水诗画产生了密不可分的联系，园林成为文人士大夫在三维空间的书画写意创作，从此诞生了具有中国特色的“形外之意，意外之象”园林意境学说。（图37～图40）

图37　明·仇英《辋川十景》局部一

图38　明·仇英《辋川十景》局部二

图39 明·唐伯虎《事茗图卷》(局部)

图40 明·唐伯虎 《事茗图卷》(局部)

　　宋代在历史上是一个政治和国力都很软弱的时期,但在文化方面则有着重要贡献,仅造园而论,宋徽宗在汴京兴建了中国历史上规模最大的人工假山——艮岳。由于宋代重文轻武,官员多半文人,私家造园进一步文人化,促进了"文人园林"的兴起,特别是江南园林的发展,已基本形成自己的独特风格。元代民族矛盾尖锐,在不到一百年的统治中便被明朝取代,造园活动基本处于迟滞的低潮状态。明清两代,园林的发展由宋代的盛年期升华为富于创造的成熟期,特别是江南园林艺术达到了典雅精致、趋于完美的境界,出现了一大批具有典范意义的园林,皇家园林如颐和园、承德避暑山庄,以及江南的私家园林如沧浪亭、拙政园、留园、网师园、艺圃、环秀山庄、耦园、退思园、何园、个园、瞻园、寄畅园、豫园等,至今,在全国范围内保存完好或尚好的仍有100余座。

　　现代人一定会注意到"中国四大名园"之说,准确的说法是1961

年国务院公布的第一批全国文物保护单位中的"园林类"有4座园林分别是北方的颐和园、承德避暑山庄，南方的拙政园、留园，从此被称为"中国四大名园"，它们分别代表了北方的皇家园林和南方的私家园林。（图41～图44）

图41　颐和园远眺

图42　承德避暑山庄湖亭相映

图 43　拙政园见山楼

图 44　留园曲溪楼

　　说起南方私家园林，就不能不概要说一下苏州园林。历史上，苏州山水很早就已成为游览胜地，自然山水与造园活动关系密切。由自然山水而后逐渐形成"模山范水"的园林，溯源于春秋，发展于晋唐，繁荣于两宋，全盛于明清。

　　春秋战国时期，公元前514年，吴王建城前后已有苑囿，从吴王寿梦、阖闾到夫差，都在城内和郊外的山水之间大兴宫室苑囿，如夏驾湖、长洲苑、华林园、梧桐园、吴宫后园、姑苏台、虎丘、郊台、馆娃宫等，还建有鹿苑（冈大路《中国宫苑园林史考》），都是当时著名的苑囿。姑苏台则以豪奢繁华著称于世，是吴国极尽财富的宫苑。童寯在《江南园林志》中说："楚灵王之章华台，吴王夫差之姑苏台，假文王灵台之名，开后世苑囿之渐。非用以观象，而用以宴乐。"吴越争霸，夫差亡国，高台巨榭毁于兵燹，仅留下少数遗址，如灵岩山上的馆娃宫遗址，传为越王献西施于此（图45）；又有响屟廊、采香泾、琴台等故迹（《吴郡志》）。再如虎丘，为吴王离宫之一，相传阖闾死后葬于剑池之下，绝岩耸壑，茂林深篁，有千人石、试剑石等遗迹，遂成为"吴中第一名胜"。

图45 苏州灵岩山

　　苏州的私家园林建造历史，最早可考者在秦汉以后，著名的如西汉张长史的五亩园，后人作《五亩园小记》称其"胜绝一时"。其时，吴中私家园林已渐多，并在园中栽花植木和放养观赏动物。晋室南迁，江南庄园四布，士大夫好玄谈，追求隐逸的桃源生活，以寄情田园、山水之间为高雅。于是苏州兴起模拟自然野趣的宅第园林，或在山水间营造山庄园林。最著名的是东晋顾氏辟疆园，有池馆林泉怪石之胜，号称"吴中第一名园"。私人宅园与帝王宫苑大不相同，在满足私人起居生活的前提下，主人在自家院中寻求自然山水之趣，获得精神上的满足。这种具备起居和玩赏功能的园林创作，与社会文化特别是老庄哲学有着密切关系，并对后世的园林发展具有深刻影响。

　　隋唐时期，士大夫文化对造园活动产生直接作用，最关键的文化基因当数王维的"诗中有画，画中有诗"理论（苏轼评语），被直接运用于造园，诗画入园，诗画园景相融的造园手法为营构者广泛运用，促进了园林艺术向写意风格方向的发展。赏花亦成时尚，园内以花木茂盛为胜，始有桂花记载。大酒巷（今大井）有富人植花浚池，酿酒以延宾旅，可见酒肆亦置园池。白居易任苏州刺史（825），州衙中园囿规模甚大。并开筑山塘河堤，植桃柳两千余株，"年游虎丘十二度"，形成游赏山水名胜的旅游之风。虎丘、枫桥、石湖、灵岩、天平、邓尉、洞庭东、西山成为著名的风景游览胜地。

五代至北宋，苏州地区偏安一方，未经干戈，随着全国政治、经济中心又逐步南移，政和三年（1113）苏州升为平江府。此时，苏州富庶繁荣已驰名全国，有"苏湖熟，天下足""上有天堂，下有苏杭"之誉。随着生产力的发展，苏州造园活动更趋活跃，形成苏州造园的一个高峰时期。造园艺术风格更加文人化，造园已大量融入写意山水艺术。加之太湖石被皇家奉为神品，社会风气亦以玩石为尚。北宋末年，宋徽宗赵佶为京城营造园囿"艮岳"，特在苏州设应奉局，专采江南奇花异石，出现历史上著名的"花石纲"事件，至今苏州还留有大量的"花石纲"遗物，如著名的太湖石巨峰瑞云峰（织造府遗址）和冠云峰（留园）、狮子林假山群所用太湖石等。

元明清三朝，苏州园林一直沿着文人士大夫文化的路子发展。那时文人士大夫直接参与造园是常态，典型的例子可推举明代吴门画派领军人物文徵明，一生画了大量园林作品，仅参与拙政园营构、为之绘画就达五次之多，其《拙政园三十一景图》诗画书三绝，成为文史佳话。明清时期，苏州园林已逐步成熟，形成完整的文人写意山水园林的艺术体系，不仅园林作品数量众多，而且造园艺术手法完备，技术精湛，文化内涵丰富，形成了完整的理论。明末清初的计成所著《园冶》，对苏州园林造园艺术作了全面总结，成为世界最古造园名著；另一部重要的园林著作是明末苏州人文震亨的《长物志》，亦是古代经典的园林专著，这两部典籍至今仍是园林学者不可不读的理论学著。苏州园林艺术还被皇家园林大量借鉴，清乾隆六下江南，七游狮子林，又在避暑山庄等三处皇家园林中仿建狮子林，爱之其甚！苏州园林艺术对皇家园林影响至深至远，是一个值得研究的文化现象。这一切把苏州园林推向了登峰造极的地步。

四谈："园林"与"天堂"

上有天堂，下有苏杭。自古以来，中国人就喜欢把美丽的地方比作"天堂"。其实，无论古今中外，无论种族、肤色、文化背景有怎样的不同，自有人类史以来，所有的奋斗都是在创造美好的家园，"诗意地栖居"是人类共同的梦想，而园林便是人类创造这一梦想的绝佳场所——美如图画的场景，天堂般的生活。

从世界三大造园体系进行考证，不难发现它们有着共同的价值取向，即园林是最美丽的地方，园林＝天堂。

◆ 中国古代神话中的蓬莱三岛：人间仙境，长生不老，天人合一，上有天堂，下有苏杭。

◆ 《圣经》里的天国乐园："伊甸园"，空中花园。

◆ 欧洲语境中的极乐世界：英语 Paradise（天堂），来自古希腊 Paradisos（美丽花园），古希腊这个词汇又来自波斯语 Pairidaeza（一个种满树和果的花园）。

先看看中国传统的神话故事。具有无上权力的玉皇大帝和他的大臣所居住的天宫，飞檐翘角的殿阁亭楼四周，处处是"夭夭灼灼花盈树，颗颗株株果压枝"，"树下奇葩并异卉，四时不谢色齐齐"，好一派美妙风光！另一则神话传说《山海经》中的东海"蓬莱三岛"，（图46、图47）更是家喻户晓，为人乐道，并被广泛地运用到造园活动中，无论南北，无论皇家私家，园林山水之间，往往构筑"一池三岛"，模仿东海的蓬莱、瀛洲和方丈三岛，把山水与精神理念融为一体，营造出世外桃源般的仙境，来满足对神山的憧憬和精神寄托。 如秦始皇修建的"兰池宫"湖中三岛、汉武帝刘彻修筑的建章宫太液池三岛、南朝宋文帝时期建造的真武湖三岛、唐代大明宫后苑中的太液池三岛、圆明园福海中的蓬岛瑶台、颐和园昆明湖中的"一池三山"、承德避暑山庄"一池三岛"、杭州西湖中的三岛、拙政园的"一池三岛"、留园的"小蓬莱"……不胜枚举，洋洋大观！ 可见天国、仙境在中国传统文化中的地位有多深，正如著名作家贾平凹所说，中国人的文化思维都在《山海经》里。 (图48、图49)

图46　古本山海经图说

图47　《山海经》蓬莱仙岛

图48 中国古代著名神话传说八仙过海图

图49 杭州西湖的"一池三岛"

在一些人的精神世界里，天堂就是现实生活的返照，虽然可求而不可遇，仙境更是不知在何处，但人们依然以"天人合一"的精神孜孜不倦地追求向往，极尽努力地去实现人与天的融合。皇家可围山水成苑囿，富家可购地掘池垒石为庭园，平民百姓仅能从一石一木中寻求园景趣味。于是，即便一花也成天堂，一草也成世界，人生有了新的感悟。于是，园林不论大小，神韵气象不分高低，一山、一水、一花、一木无不讲究，就有了"虽由人作，宛自天开"的艺术境界和"一勺代水，一拳代山"的表现手法。于是，就有了诗文助兴的意境表达。

其实，诗文不仅仅是助兴。反映现实生活的戏曲、诗歌、绘画、小说等文学艺术作品更是大量出现人间天堂般的美景描述，如"庭院深深"的园林审美意象，《牡丹亭》中的游园惊梦"不到园林，怎知春色如许"的感叹，都已成为经典（图50）。读过《红楼梦》的都知道，大观园里曲径通幽，"怡红快绿"（《红楼梦》第17、18回，宝玉题怡红院匾"怡红快绿"），水秀山明，楼隐环窗，草木掩映，鸟语花香，天上人间诸景备，世外桃源万物新。大观园是中国古代文学作品中最完整、最生动的古典园林形象，体现了明代造园家计成对园林境界的最高评价——"虽由人作，宛自天开"。"天开"一词对人间天堂做了最精辟的概括——园林是琼楼玉宇的天堂，天堂是景色如画的园林。而据考证，曹雪芹在写红楼梦大观园时，诸多景色多以苏州园林为蓝本，给后世的红学留下了诸多的研究课题，至今仍有人拿着《红楼梦》到苏州园林寻觅大观园，以求一一印证。

图50　昆曲《牡丹亭·游园惊梦》

无独有偶。在世界其他国度里，也往往把天堂和园林融合在一起，密不可分。各民族追求天堂般美景的智慧也毫不逊色。

建于公元5世纪的斯里兰卡锡吉里亚古宫及游乐花园，是亚洲中世纪早期最宏伟壮观的建筑之一，其不仅仅是一座豪华的宫殿，更是一次筑造人间天堂的尝试。宫中有各式宫殿、庭院、池塘和开满鲜花的御花园。其中的清凉殿，地板下有清泉流过，供夏日消暑。

巴比伦空中花园的建造，更是超乎想象的园林与天堂对话的杰作，这座始建于公元前7世纪，被后人称为历史上第一名园的皇家园林，被列为世界七大奇迹之一。在第三谈"造园三大体系"中已经对它的景观做了描述。作为伊斯兰天国花园的代表，这里不得不再次提到它。历史上有很多谜团，并非无中生有的杜撰，而有其社会文化的必然性存在，因此被历史学家所采纳。虽然它与罗德斯岛巨像一样，考古学家至今仍未能找到它的确实位置，而且后世研究者发现，历史上那些描绘空中花园的人多数从未涉足巴比伦，只是听说那座神奇的花园，而波斯王干脆就直称其为天堂，于是就成了令人着迷的梦幻花园。但现代历史学家研究发现，《圣经》中的"通天塔"与巴比伦空中花园确实曾经是幼发拉底河流域令人着迷的天国乐园。

伊斯兰教的信徒们对天堂有着虔诚的追求。他们心中的"天堂"是什么样？《古兰经》中这样描绘：天堂居民的住所宜人，"诸河流于其中，果实常时不断"，有高耸的花园，林荫的山谷、甘泉、乳河、蜜河、酒河，四季的美味一应俱全，那里有玲珑宝树，有奇花异草，有珍禽异兽，男女老幼欢乐无比，享受不尽……多么美妙！在炎热干旱的阿拉伯地区，如此美妙的园林是人们梦寐以求的，是理想生活中不可缺少的一部分。如果还有人表示怀疑的话，不妨去当今的迪拜一游，我想一定会从中体会到宗教信徒们对创造美好幸福生活的追求和向往是如何的强烈、如何的超能！

《圣经》中说，上帝创造的人类祖先——亚当和夏娃一开始是无忧无虑地生活在美丽的伊甸园之中的，那里"各样的树从地里长出来，可以赏心悦目，上面的果子好作食物……"，只是后来偷吃了禁果，造成了罪孽，被逐出了天国乐园（图51、图52）。然而，失去天堂的人类，始终不忘重返那个天国乐园。在西方，不少民族语言中的"天堂"一词，往往就是由花园演化来的。拉丁语系的"园林"一词，写成 Garden、Garten、Jardon 等，起源于古希伯来文的 Gen 和 Edne 二字的结合，前者围墙，后者指乐园。而英语中的"Paradise"（天堂），便是来自于希腊文的"Paradisos"（美丽花园），而古希腊的这个词汇又是从波斯语的"Pairidaeza"（一个种满树和果的花园）借来的，究其语意，便是"豪华的花园"或"美丽的化园"。

图 51　伊甸园中的生命之树

图 52　伊甸园里的亚当与夏娃（德国·鲁本斯绘）

英国哲学家培根在他的《论造园》中不仅论述了"文明人类先建宅，营园较迟，可见造园艺术比建筑更高一筹"，还说了一段名言："全能的上帝率先培植了一个花园；的确，它是人类一切乐事中最纯洁的，它能怡悦人的精神，没有它，宫殿和建筑物不过是粗陋的手工制品而已。"他不仅告诉我们园林是一种能满足人们精神生活的艺术，是房屋建筑向室外空间的有机延伸；而且浅显而精辟地告诉我们，园林与天堂有着水乳交融的关系，不论是基督教把天堂作为最圣洁美丽的地方，还是伊斯兰教的天堂美景，或是佛教把天堂作为享乐的地方，都有着异曲同工之妙，都基于人类大同的文化背景——人对自然的依恋，对园林的热爱，对理想家园的追求，并以现实生活中的园林为模式，来构筑天堂般的园林，来满足人类物质的享受和精神的陶冶。

在文化多样性的今天，园林与天堂这对孪生子，让我们从历史的长河中看到了不同民族、不同文化殊途同归的愿景，园林与天堂，历史与现实，纵然民族不同，文化各异，造园风格千姿百态，但中西方价值观的立足点却基本一致：园林是人类最理想、最美好的追求之一，是建筑艺术最好的修饰，它能为我们的生活创造一个美好的生活环境。正因为如此，创造优美的居住环境，已成为 21 世纪人类发展的三大主题之一。

再回到本文的开头，既然苏州被称为天堂，园林就是最美的标志，所以有"园林城市"之誉，犹如杭州不能没有西湖一样——杭州整个城市环抱在山水园林之中。不论是苏州的园林城市，还是杭州的城市园林，它们"天堂"美誉所表现的共同特质，都是城市人居环境的"天人合一"、人与自然和谐相处。在这一人类的永恒主题下，苏州古典园林的艺术精华，就不仅仅是珍贵的文物，更是当代人广泛运用于现代居住环境建设中取之不尽的宝藏，满城绿色半园池，城市花园化，大地景观化已经不是梦想。（图 53）

图 53 苏州留园中部景观——小蓬莱春色

五谈：园林中的山水精神

现代人都喜欢游山玩水，美其名曰"回归自然"。而深究进去，人们会发现，山水是一种文化，具有一定的民族的思维方式、精神风貌、心理定势和价值取向。魏晋时期的左思在著名的《招隐诗》中说："非必丝与竹，山水有清音。"他不但将山水的"清音"与丝竹之乐并提，甚至认为山水"清音"给人的美感要胜于丝竹之乐，可见，山水已经完全是精神层面的感受了。

追根溯源，中国古典园林的山水精神是与古代文化密切相关的，既收入了自然山水美的千姿百态，又凝聚了文学艺术美的精华，蕴涵着典型的、具有民族特征的山水文化和山水精神。山水文化是中国特有的文化现象——把自然风景称为山水，把观赏自然风景叫作游山玩水，把对自然风景的赞美诗文冠以山水诗，把描绘自然风景的国画名之为山水画，把人工叠山理水的园林谓之为山水园。这种系统性的文化在世界范围内绝无仅有。打开中国造园史，就是一部山水文化史，造园首在"相地"，依山傍水、改造地形、挖池累山、疏通水源，以求人与自然和谐，故而中国古人把山称之为园林的骨架，把水称之为园林的血脉。山水相连，才为佳园。因此造园时讲究叠山理水法度（布局）：山贵有脉，水贵有源，水随山转，山因水活，脉理相通，全园生动。最终成为"模仿自然，高于自然"这样一种人工写意山水园林艺术形式。古典写意山水园林形成和发展的根本原因，是中华民族

三个重要的意识形态方面的精神因素——崇拜自然思想、君子比德思想、神仙思想。（图 54 ）

图 54　桂林山水

（1）崇拜自然思想。人与自然的关系向来密切。中国人在漫长的历史过程中，很早就积累了种种与自然山水息息相关的精神财富，凝聚成"天人合一"的思想，从《诗经》到孔孟、老庄等一系列文化史中，一以贯之，构成了"山水文化"的丰富内涵，在我国悠久的古代文化史中占有重要的地位。

一方水土养一方人。我国是一个多山之国，群山之间，河川纵横。我们的祖先就生活在这多山多水的自然环境中，朝夕相对，休戚与共，人生的悲欢、理想、希望都离不开眼前的山山水水。人们的思维方式和灵感都受到自然山水的激发和启示，形成了中国人特有的精神风貌、心理定势和价值取向。

旧石器时代，人们主要靠狩猎和采集维持自己的生存，人们对自然山水的依赖已极为紧密。进入新石器时代后，农业和畜牧业开始形成，一年收成的好坏很大程度上仍取决于自然。在生产、生活中人们开始对宇宙、人生和自我进行抽象性的认识，在上古先民看来，自然既是他们生产生活的依靠，也是时常带来灾难的可怕存在。由于上古先民缺乏对各种自然现象的科学认知，因无知而畏惧，因畏惧而崇敬，他们相信自然同人一样有灵魂，以己度物，万物有灵，山川、草木、工具，都具有理智，人的心灵与自然万物的心灵是相通的，草木鸟兽鱼虫皆有灵（《诗经》说），因而要祈求自然（天地神灵）的庇护和保佑，以期获得风调雨顺、家国昌盛，由此产生了人与自然对话的"神话传说"，又逐步演化成原始宗教和道德规范，进一步发展成为对自然（神灵）的崇拜，在原始宗教、自然崇拜中逐步形成了中华民族特有文化思想和哲学思辨——山水观。（图 55）

图 55　黄山飞来石

　　中国古代山水观，从理论上加以阐述和发挥，是由先秦哲学家构建和完成的。他们注意到了人与外部世界的关系，首先是面对自身赖以立足的自然山川，人们的悲喜哀乐之情常常来自自然山水。《诗经》中有大量对大自然敬畏崇拜的描绘和抒发，山水的意象非常突出。一部《诗经》中，"山"字就出现了六十余次，加上与"山"有关的如丘、陵、岩、谷、巇、冈，等等，竟有一百余次之多；"水"字也频繁出现了三十余次，与"水"有关的如隰、川、海、河、流、泉、涧、池、沼、滨、泽、渊、泮、浒、涘、渚、洲、潦、汤汤、滔滔、泱决，等等，更达三百之多。《诗经》中除了描写山水的名篇如《周颂》《崧高》《小雅·信南山》《小雅·渐渐之石》《小雅·沔水》《大雅·江汉》等外，大多数并不是作为描写对象，而是作为一种比兴，在自然敬畏和崇拜意识中的审美欣赏活动，是对大自然的五体投地。

先贤们用自己对自然山水的认识去预测宇宙间的种种奥秘，去反观社会人生的许多繁杂现象，从中总结出很多富有哲理意味的至理名言。譬如管子视水为"万物之本源"。道家学派的创始人老子与集大成者庄子，在他们构建的哲学观念中更离不开山灵水性的启发。

特别是老子学说，可以说其"道"取法于自然山水。老子从呈现在人们面前的山岳河川这个现实，用自己对自然山水的认识去预测宇宙间的种种奥秘，去反观社会人生的纷繁现象，得出了"道"以"自然"为法则的必然性，违背"自然"必然"无道""失道"，就无法生存和发展。老子在对"江海所以能为百谷王者，以其善下之，故能为百谷王"的自然规律观察中，通过水"善下"与人"尚上"的特性的对比，认定人的理想品格应该像水那样："上善若水，水善利万物而不争，处众人之所恶，故几于道。"又从水的"柔弱""无为"中悟出柔弱却刚强的妙谛，因循事物趋势，"无为"而治，如行云流水、雁过长空、瓜熟蒂落、水到渠成一般，似无而实有，得出"人法地，地法天，天法道，道法自然"这一万物本源之理，认为"自然"是无所不在、永恒不灭的，提出了崇尚自然的哲学观。

庄子进一步发挥了这一哲学观点，认为人只有"顺应自然"才能达到自己的目的，主张一切尊崇自然，并得出"天地与我共生，而万物与我为一"（《齐物论》）的基本观点，强调的是天人合一，天人共存，世间万物都是一个统一的整体。在这种思想指导下，庄子认为的美，就是"天地有大美而不言"，崇尚自然，追求天趣，即所谓"大巧若拙""大朴不雕"，不露人工痕迹的天然美。庄子认为的人生理想和志趣就是存在于人内心的本真，他的寓言体"濠濮间想"，表达了一种山林之想、自由之想，表达了人与自然亲和无间的情怀。"濠濮间想"（图 56），也成为中国艺术中的一个重要境界，中国艺术家的一种重要情怀，成为后世造园艺术中不可或缺的景观。

图 56　民国初年时的留园濠濮亭

老庄哲学的影响是非常深远的，几千年前就奠定了的自然山水观，后来成为中国人特有的价值观和审美观。

（2）君子比德思想。君子比德是孔子哲学的重要内容。孔子是一个对自然山水情有独钟的人，曾曰"君子比德于玉焉，温润而泽仁也"，比德就是要反思"仁""智"这类社会品格的意蕴。"仁"是孔子哲学思想的核心，注重内心的道德修养，不论对人还是对事都要恪守仁爱的美德。这种博爱思想几乎贯穿于孔子的哲学思辨中。又曰"天行健，君子以自强不息；地势坤，君子以厚德载物"，君子处世也应像天（自然）的运动一样刚强劲健，力求进步，发愤图强，永不停息；君子应像地（自然）的气势一样厚实和顺，容载万物。还说"岁寒而后知松柏之后凋也""为政以德，比如北辰，居其所而众星拱之"，都是以道德的标准看待自然，在自然观照中比拟道德精神。

什么是君子美德？孔子有一著名的"智者乐水，仁者乐山"哲学论题，意谓以自然对象之美来比喻、象征君子之美德。这一思想突破了自然美学观念，强调在自然山水观中重视人的内心修养，通过对山水的真切体验，把山水比作道德精神，对人性品格进行自省。这种比德山水观在孔子思想中曾反复出现，如"登东山而小鲁，登泰山而小天下"，高山巍巍给予了他博大的胸怀；"君子见大水必观焉"，江河荡荡孕育了他高深的智慧。孔子由此把厚重不移的山当作他崇拜的"仁者"形象，用湍流不滞的水引发他无限的哲理情思，触发他深沉的哲学感慨。有仁德的人安于义理，所以喜欢稳重之山；有智慧的人通达事理，所以喜欢流动之水。这种以山水来比喻人的仁德功绩的哲学思想，反映了儒家的道德感悟和欣赏山水时的艺术心态，对后世产生了无限深广的影响，深深浸透在中国传统文化之中，构成中国传统文化的主体。（图 57、图 58）

图 57　沧浪亭的城市山林之气

图 58　沧浪亭名联

人们以山水来比喻君子德行，"高山流水"自然而然就成为品德高洁的象征和代名词。"人化自然"的哲理又导致了人们对山水的尊重，从而形成中国特有的山水文化。这种山水文化，不论是积极的还是消极的，都无不带有"道德比附"这类精神体验和品质表现，特别是在文学、诗词、绘画、园林等艺术中表现得尤为突出。在园林史的发展中，筑山和理水从一开始便受到重视，是中国园林发展中不可或缺的要素。

清朝所建的皇家园林颐和园中，多个大殿的名称出自《论语》，如仁寿殿"仁寿"与乐寿堂"乐寿"，均出自《论语·雍也》"智者乐，仁者寿"。前者表达了"施仁政者长寿"之意，后者表达了"智者仁者之堂"之意，均象征着封建帝王长寿、智慧以及仁慈。以儒家经典为主题的景观在皇家园林中比比皆是，如圆明园中的"淡泊宁静""澡身浴德""山高水长""勤政亲贤"，承德避暑山庄的"淡泊敬诚殿""静含太古山房""勤政殿"等，儒家思想成为皇家园林的一种"标配"。

在中国的私家园林中，儒家思想更加根深蒂固。园林不仅是园主们休憩娱乐的场所，更是他们寄情山水、表达思想、人生理想的心境，园名、景名都渗有浓浓的儒学气息，归田耕读、琴棋书画、梅兰竹菊、香远益清、清风明月、文王访贤、厚德载物、刚健中正、诗酒联欢、烟波垂钓、五福捧寿等，不胜枚举，这些反映了社会理想、人格价值、人生观、审美观，父子、友情等人伦关系，以及君贤臣忠关系，儒家思想与日常生活融合在一起，情景交融。

（3）神话神仙思想。大约在仰韶文化时代（约前5000至前3000），先民从万物有灵中生发出对山水的崇拜，并引发出原始宗教意识和活动的重要内容。在古人的想象中，那些不受现实约束的"超人"，飘忽于太空，栖息于高山，卧游于深潭，自由自在，神通广大。他们把自然界种种人力不能及的现象，归属于神灵的主宰，并创造出众多的山水之神，还虚构出种种神仙境界。在先秦文学《诗经》《左传》《庄子》等古籍中就记载了比较丰富的古代神话，为我们展示了非常丰富的上古时代中华先民的丰富想象力和对自然、社会现象的认识和愿望。神话传说是原始先民在社会实践中创造出来的，它的内容涉及自然环境和社会生活的各个方面，既包括世界的起源，又包括人类的命运，努力向人们展示"自然与人类命运的富有教育意义的意象"。上古神话在后世仍然具有文学艺术魅力，同时也启发了后世的文学艺术创作。

神仙思想是中国本土的宗教，是道教诸多理论基础的核心内容，神仙思想也为各阶层人们接受和信奉提供了心理动力和保障，为道教的传承和发展做出了巨大贡献。道教的教义几乎都于神话神仙思想中汲取营养，发展成自己的体系，满足了人们生与死的一切要求和需要，从长生不老到荣华富贵，从适性逍遥到忠孝节义，从各种心理的、伦理的层面整合了个体生命所企望解决的种种难题。

神话传说中的"东海三岛"（第四谈"园林与天堂"中亦有涉及的话题）是典型的神仙思想载体。中国古人相信，渤海中的蓬莱、方丈、瀛洲三座神山，上面居住着长生不死的"仙人"，还有吃了可以成为神仙的药物。于是，求得不死之药而成为仙人，便成为古代帝王的普遍追求。《史记·封禅书》记载，战国时代齐威王、齐宣王、燕昭王都派人到渤海中的三座神山去求不死之药。后来秦始皇、汉武帝都认为"不死之药可得，仙人可致"，热衷于东巡，架桥渡海，去寻求那缥缈的神仙、神药。

随着神仙思想的产生和流传，人们从崇拜、敬畏到追求，神仙思想渗透到社会生活的方方面面。在我国的文献中，关于山川之神的记载，远比其他自然神要多，有关的活动也更早。传说舜曾巡视五岳（《尚书·舜典》）；殷墟卜辞中已有确凿的祀山记录；战国时期的楚国，每年都要举行大规模的祭典，包括天神、地祇（山川之神）、人鬼三大类，现存《楚辞·九歌》即是当时用以娱神的乐歌。"天子祭天下名山大川"，被列为古代帝王的"八政"之一。在个人生活中，由于种种原因（如对现实的不满，生活的艰辛，理想的破灭等），而企求神仙、得道升仙来摆脱个人的困境和解脱。于是，自然界的名山大川都成了方士、信徒们养心修炼、求神拜佛的地方。蓬莱、方丈、瀛洲的神话传说，为后世道教提供了理想世界的原型。自然，在造园活动中，也时常出现以蓬莱、方丈、瀛洲东海三仙岛为蓝本的山水景观，或表现园主的避世心态，或表现园主的求仙思想，或表现园主的飘飘欲仙的人生理想。

庄子有感于人生有涯，多受局限，便幻想着有一种超越生死大限、具有最高境界的"神人"，他在《逍遥游》中说："藐姑射之山，有仙人居焉，肌肤若冰雪，绰约若处子。不食五谷，吸风饮露，乘云气，御飞龙，而游乎四海之外。"他也知道要做"神人"很难，为此，他又设想了"真人""道人""至人""圣人"这样的人生最高境界，与"神人"具有同等的境界。他在《大宗师》中提出"真人"的观点，在他看来，世间虚假、虚伪的人太多，只有真正悟道的人才是"真人"。这样的真人超越了凡人的境界："神态高雅而不给人压力，看上去好像不够，却又无所增益；有所坚持而没有棱角，心胸开阔而不浮华；舒舒畅畅好像很高兴，行事紧凑好像不得已；他的振作，鼓励人上进；他的安顿，引导人顺服；他的威严，好像泰然自若；他的豪迈，无法加以限制；他说话徐缓，好像喜欢隐瞒；他心不在焉，忘了自己要说的话。"他在《齐物论》中又说："至人神矣，大泽焚而不能热，河汉冱而不能寒，疾雷破山，飘风振海而不能惊。""至人"就是得道成仙之人，这样的人就达到了德行完美的圣人。虽然这种"神人""圣人"不食人间烟火，不怕水火侵害，腾云驾雾，来去自由，顺天应物，忘其自我，青春常在，确实令人神往。庄子的"神人"浪漫幻想和神仙思想已经超越了一般世俗的神仙观念，提升到道德层面的高度，对后世特别是文人士大夫的影响很大，这也潜移默化地在历代园林中给予了表达。

六谈：园林中的隐逸文化

　　隐逸文化与园林有着密切关系，是认识和理解中国古典园林不可忽视的文化现象。

　　单从字面上理解，就能发现，"隐"这个字是一个复杂的概念，从我国第一部辞书《尔雅》（成书于战国或两汉之间）到《康熙字典》[成书于康熙五十五年（1716）] 大约两千年的历史长河中，历代对"隐"字都有不同的解说，不同典籍、辞书、字典的解释也不尽相同，但其基本字义是：藏匿、不显露。"逸"这个字始见于春秋金文，会意字，字形从辵，从兔，据兔子善于奔跑会意，本义是逃跑，引申为散去、失去；又引申为超出范围；此外还表示安闲、安乐；还表达了超凡脱俗、卓尔不群的意思。"隐逸"一词是在历史的演化中而产生的一种特殊的中国历史文化，是中国文化中许多特殊而又值得寻味的现象之一，正如梁漱溟先生在《中国文化要义》一书中所说："'隐士'这一名词和它所代表的一类人物，是中国社会的特产；而中国隐士的风格和意境，亦绝非欧美人所能了解，虽在人数上他们占极少数，然中国的隐士与中国的文化却有相当关系。"梁漱溟将"隐逸文化"列为中国最重要的十四种文化之一。

　　作为中国传统文化集大成者的古典园林，隐逸文化是中国古典园林的主题之一，士大夫的隐逸意识往往通过园林来表现，在私家园林中最为突出，园林成为隐逸意识的物化。

在整个隐逸文化中，魏晋南北朝是一个重要阶段。中国历史上，魏晋南北朝是一个大动乱时期。从汉末到隋统一这个约四百年的阶段中，社会长期处于分裂、战乱和动荡不安的状态中，与之相伴随的是社会意识和文化心理上发生剧烈动荡和变化，普遍流行的消极悲观情绪，特别是士大夫的思维方式有了很大的变化，"独善其身"、消极避世的隐逸思想逐步成为士这一阶层的主流思想。

隐逸思想的来源是玄学，玄学的主要思想来源是庄子，而庄子的主要思想就是隐逸哲学（图59）。《庄子·逍遥游》里记载的隐士许由，在那个混沌的时代，率先萌生了"私心"。尧把天下禅让给他，他却说小鸟在森林里做窝，一根小树枝就够了，用不了那么大的森林，天下对于我没有用。许由这种行为被称为"贤者"，其思想表达了在当时社会背景下追求独立和自由的人生观。显然，这种思想是不寻求认同，而只追求简单朴素、内心平和、自得其乐——隐逸。

图 59　庄子

如何隐逸？《庄子·在宥》说"贤者伏处大山嵁岩之下"，就是遁迹山林。《庄子·刻意》又说："就薮泽，处闲旷，钓鱼闲处，专无为而已矣。此江属海之士，避世之人，闲暇者之所好也。"在庄子看来，隐居在深山里或者找一个水草丰满的地方，四野空旷，闲坐下来钓钓鱼，享受钓鱼的乐趣，这就是避世的好去处。据《史记·老子韩非列传》记载，楚王听说庄子贤，便派使臣去请他，送他千金和宰相的尊位。他笑笑说：这不是我的愿望。做朝廷里养的肥牛，虽很享受，却不自由，到祭祀时，被割下脑袋做祭品。"无为有国者所羁，终身不仕，以快吾志焉。"庄子的志向是自由快乐，追求的是"不为物役"和不为"圣人之知"所役。

在晋代，老庄哲学流行，隐逸之风大炽，他们企图通过归复自然以求得洁身自好，大自然便成为隐士们的理想之地，雅好自然、游山玩水便成为一时风尚。士大夫们纷纷追求这种安逸与享受，在淡泊、自然的生活中颐养天年，过一种隐居的风流生活。他们认为，在这种寄情山水的隐居生活中，可以使自己的人格得到完善和升华，在质朴、清逸、幽深的境界中，最能表现品性的清高和超脱。这种"追求幽深清远的林下风流"的审美情趣又影响到文学艺术领域，也极大地促进了园林艺术的升华和发展。

不难发现，在魏晋隐士中，那些寄情真山水的名士们在中国文学史上占有十分重要的位置。他们啸傲行吟于山际水畔，体会自然真谛，抒发自己的真情实感，摆脱人间的烦恼。"竹林七贤"的领袖人物嵇康，在《与山巨源绝交书》中称"老子周庄，吾之师也""越名教而任自然"，藐视社会功名，追求自然山水的纯真；竹林七贤之一的阮籍，一旦入山，便流连忘返，数日不归，在他看来，只有山水能安息精神。左思在归隐中发现"非必丝与竹，山水有清音"，于是写下了著名的《招隐》诗。王羲之、孙绰、谢安等24人集会稽山阴（今浙江绍兴）兰亭，流觞饮酒，即兴赋诗，诗作大多是仰观宇宙、融山水、玄学为一炉，传为千古韵事。大画家顾恺之，对大自然发出由衷的讴歌"千岩竞秀，万壑争流；草木葱笼其上，若云兴霞蔚"，足以代表当时士人对山水的思想感情和对自然美的鉴赏能力。

东晋末至南朝宋初期伟大的诗人陶渊明，年轻时就没有适应世俗的性格，生来就喜爱大自然的风物，辞官隐居后，归居田园，大为得意，由归鸟悟出人生的真谛，"问君何能尔，心远地自偏。采菊东篱下，悠然见南山"，于是在《桃花源记》中勾画出一个与尘世隔绝的世外桃源，在《归园田居》中创造了中国诗史和中国园林史上第一次出现的新的审美境界：

> 少无适俗韵，性本爱丘山。
>
> 误落尘网中，一去三十年。
>
> 羁鸟恋旧林，池鱼思故渊。
>
> 开荒南野际，守拙归园田。
>
> 方宅十余亩，草屋八九间。
>
> 榆柳荫后檐，桃李罗堂前。
>
> 暧暧远人村，依依墟里烟。
>
> 狗吠深巷中，鸡鸣桑树颠。
>
> 户庭无尘杂，虚室有余闲。
>
> 久在樊笼里，复得返自然。

诗句生动地描写了诗人辞官归隐后的愉快心情和乡居乐趣，表现了他对田园生活的热爱和劳动的喜悦；同时也隐含了对官场黑暗腐败的生活的厌恶之感，表现了作者不愿同流合污，为保持完整的人格和高尚的情操而隐逸的美好愿望。（图 60）

图 60　拙政园归田园居《兰雪堂图》

寄情山水，雅好自然，成为当时的社会风尚。但是，游历山川毕竟需要跋涉，需要付出艰辛的体力，而且不可能长期占有大自然。于是，便出现了在城市之中模拟山水、营造"第二自然"的景观——园林。私家园林应运兴盛，民间造园成风，名士爱园成癖，见于文献记载的很多。《世说新语》有这样一段记录：

王子敬（献之）自会稽（今绍兴）经吴（今苏州），闻顾辟疆有名园。先不识主人，径往其家。值顾方集宾友酣燕。

而王游历既毕，指麾好恶，旁若无人。

顾氏为当时苏州的四大家之一，这"四大家"不仅"金玉满堂"，而且都有自家的花园。"辟疆园"在当时最有名，号称"吴中第一名园"，受到文人雅士的倾慕。那时的苏州城里，与辟疆园齐名的还有戴颙宅园，也是名噪一时。其园主的父亲戴逵不仅是山水画的高手，而且傲视权贵，被《晋书》列入"隐逸"之列。戴颙本人也是画坛高手，山水画尤为空灵，有隐逸之气，卜居苏州后，在宅园内"聚石引水，植林开涧，少时繁密，有若自然"。

再看其他地方的园林，如南朝的徐湛之在广陵（今扬州）所建的园林，主要是体现大自然之美："风亭、月观、吹台、琴室，果竹繁茂，花药成行。"（《南史·徐湛之传》）梁武帝之弟、湘东王萧绎在江陵（湖北荆州）所建的"湘东苑"，或倚山、或临水，或借景于园外，山水主题十分突出，是南朝的一座著名的私家园林（《太平御览》）。西晋石崇在洛阳所建的"金谷园"，可谓魏晋时期最著名的园林了，也是中国历史上不可不知的园林。这座园林"有清泉、茂林、众果、竹柏、药草之属，莫不毕备"，景观并不一定是最美的，关键是以掠夺、斗富而闻名的石崇，到了晚年也在精神上追求山水之乐，虽是附庸风雅，但也可看出当时普遍向往山水之胜的社会风气。大批文人名士参与园林设计营造，使私家园林有着明显的士人寄情山水的倾向，并有文人浓厚的哲学思想。

私家园林的隐逸格调必然影响到皇家园林，虽在都城中，却模仿自然山水。文献中记载较多的有北方的邺城（今河北临漳县西）、洛阳，南方的建康（今南京）。如魏初所建的帝王宫苑"铜雀园"，利用了天然山水资源，相传是曹操打算"铜雀春深锁二乔"的地方。十六国时的赵石虎役使十余万人修建御苑，挖池叠山，苑中最著名的是"华林园"。魏明帝在洛阳大造宫室御苑，其中主要的是"芳林园"，据史记载，当时连皇帝也亲自带领百官参加"芳林园"的建设，可见这座皇家园林在当时是何等重要。东晋和南朝建都建康（今南京）后，天然湖泊玄武湖成为御苑区，历代均有新建、扩建，到梁武帝时臻于极盛，建康的皇家园林规模虽然不太大，但充分利用玄武湖优越的自然山水，精心设计，建造豪华，具有典型的"六朝金粉"气息。

魏晋隐逸山水的思潮还影响到宗教，出现了大量与私家园林异曲同工的寺观园林，仅洛阳城内外就有1000多座，建康一城就有500多座。许多自然风景优美的山川都成为寺观所在地，天下名山多庙宇，成为中国风景名胜地的一大特色。同时，园林艺术兼容儒、道、玄诸家的美学思想而向更高水平跃进，园林景观多有儒、释、道思辨的色彩。从此以后，中国古典园林形成了皇家、私家、寺观三大类型并行发展的局面。

魏晋时期还有一个现象值得注意，出现了大量山水诗文，或写真山水，或写假山水（园林山水），为后人留下了众多的"山记""水记""园记"，园林成为诗画艺术的载体，构园时讲究意境的创造，标志着我国园林从写实向写意过渡，升华到一个新阶段。代表作品有谢灵运的《山居赋》、庾信的《小园赋》。前者对大自然山川风貌有精细的、一往情深的描绘，作者是我国古代第一位将山水自然作为审美主体并取得成功的大诗人；而且他的文章中还涉及卜宅相地、选择基址、道路布设、景观组织等方面的内容，是以往汉赋中所未见的，标志着文人写意山水园的升华。后者通过描写一个简朴、宁静、恬淡、与世无争的小园，表现出作者对园林意境的追求，是文人写意山水园创作的一件极品。

隐逸文化一直影响着后世文人士大夫的政治态度和生活观念，唐代与隐逸、园林都密切相关的著名诗人王维在《山居秋暝》中吟咏道：

> 空山新雨后，天气晚来秋。
> 明月松间照，清泉石上流。
> 竹喧归浣女，莲动下渔舟。
> 随意春芳歇，王孙自可留。

他不仅创造了耐人寻味的艺术境界，而且表达了强烈的隐居山中的意愿。王维所居的"终南山辋川别墅"也成为后世隐逸的代名

词。王维的人生后期因社会打击而彻底禅化，他的隐逸思想更被称为
"禅隐"。

在古代隐逸文化中，还有"朝隐"（汉代东方朔）、"中隐"（唐代
白居易）的等各种思想。到宋元明间，隐逸形式更是花样翻新，出现
了与"形隐"相别的"心隐"。所谓心隐，就是追求心中对名利的远
离，对权力富贵的淡泊，即"心远地自偏"的境界。明清时期的"市
隐"已经在城市生活中占有一席之地，江南地区尤为普遍。历史上很
多著名的隐逸行为已无迹可寻，而在苏州园林中却随处可见由这些历
史事件演化出来的景观。最大的一处在苏州石湖，中国田园诗的鼻祖
范成大的归隐之地，在这块山水俱佳的吴中胜景，范成大写下了大量
的田园诗，开创了中国田园诗的新天地。宋代另一位著名人物苏舜钦
隐居苏州而建"沧浪亭"，从此"沧浪亭"成为文人士大夫隐居的文化
符号。苏州园林中的拙政园、网师园、耦园、退思园等，其名均是园
主隐逸思想的直接表达，而园林景点、景物中的隐逸文化更是不胜枚
举（图61～图63）。无论是"小隐在山林"也好，还是"大隐于市朝"
也好，表达的都是一个意思：看破红尘，隐居山林或城市中，在山林
而得自然志趣，在市朝能在最世俗的物欲中排除嘈杂的干扰，自得其
乐，通过不断修炼，以达到物我两忘的心境，得以心灵上的升华。

图61　网师园

图62　明沈周《东庄——耕息轩》图

图63　耦园东花园"山水间"

随着时代的变迁，特别是近代西风东渐以后，隐逸文化逐渐蜕变为追求与自然亲近的自由消闲、颐养天年、山林游乐等名利场外的自由快乐思想，以及在人的心灵修炼、性灵修养、人品打磨上的哲学思想，这些对现代人来说是否能从传统的隐逸文化中得到某种启发呢？

七谈：花石纲的前世今生

　　读过《水浒传》的人都知道花石纲与艮岳。这个由皇帝亲自主持建造的御苑，在中国历史上有着特殊意义，它不仅是一座园林，也是一个时代的政治文化缩影，更是造园活动中绕不开的话题之一。

　　宋代在历史上是一个政治和国力都很软弱的时期，但在文化方面却占有着重要的历史地位。历史学家认为：中唐到北宋，是中国文化史上的一个重要的转化阶段。著名史学家陈寅恪指出："华夏民族之文化历数千载之演进，造极于赵宋之世。"这个时期的文化特点与当时的宗法政治制度及其哲学体系一样，在内向封闭的境界中不断完善，从外向拓展转向纵深开掘，文化艺术更加精微细腻，追求内省和意境，所谓"写意山水"的诗画艺术已趋于成熟，山水诗词、山水书画、山水园林都取得了辉煌的成就。艮岳就是在这样的文化背景下，由宋徽宗兴建的中国历史上最大的苑囿。

　　宋徽宗赵佶在政治上是一个昏君，却是一位文化艺术素养极高、精于诗词书画的皇帝。在位时成立宫廷画院——翰林书画院，将画家的地位提到中国历史上最高的位置。还在科举中增加画作的考试，每年以诗词为题目作画，极大地促进了艺术创意，引出许多佳话（图64）。如题为"山中藏古寺"，许多人画深山寺院飞檐，而得第一名的只画了一个和尚在山溪挑水，画面上没有任何房屋；另一题为"踏花归去马蹄香"，得第一名的不画任何花卉，画面上只有一人骑马，蝴蝶飞绕马蹄间，凡此种种写意创作，极大地刺激了中国画意境的发展。他登位之初，皇嗣不兴，有方士说京都东北隅地势过低，如能增高，皇嗣就会繁衍。徽宗很相信方士的话，命令人工培土成岗阜。事也凑巧，不久皇室中果然生了几个男孩。徽宗十分高兴，于是在政和年间决定大兴工役筑山。因其位于皇城的东北角，在八卦中属于"艮"方位，所以称为艮岳。（图 65、图 66）

图 64　宋徽宗的花鸟图

图 65　艮岳（局部）

图66　艮岳（局部）

　　艮岳的具体主持者是宦官梁师成，这个被后世评为奸臣的人，却多才多艺，与徽宗浓郁的文人气质十分契合，真是珠联璧合，使艮岳具有浓郁的文人写意山水园林的意趣。在修建之前，经过周详的规划设计，然后绘成图纸，按照图纸修建。这说明我国古代园林早已具备比较科学的设计施工程序了。徽宗经营此园，不惜花费大量财力、人力和物力，为了广搜江南的石料和花木，徽宗又重用另一个奸臣朱勔，在平江府（今苏州）特设专门机构"应奉局"，朱勔不择手段，穷凶极恶，大肆搜掠奇峰怪石、名花异卉，运往都城卞京，并中饱私囊，皇帝营建苑囿艮岳，耗费国力，劳民伤财，可以说，北宋王朝的覆灭，与此不无关系。（图67）

图67　运送花石纲图

艮岳方圆十余里，是大内御苑中一个相对独立的部分，总体布局为"左山右水"。园林的主体山脉模仿天台、雁荡、凤凰（杭州）、庐山等奇伟之势而筑万松岭、寿山，先用土筑成，再加上石料堆叠成大型土石山。山上又叠石峰，多为太湖石峰，其规模和艺术水平都堪称当时之最。寿山主峰高90步，为全园最高峰，上建"介亭"，可远眺"长波远岸，弥十余里"。东面有两峰峙立，列障如屏，有瀑布下注雁池，池水清冽。雁池西北有大方沼，沼之西有凤池；水源由西北角引来景龙江之水，入园后取名"曲江"，环绕山峰，从西面注入凤池，由雁池流出园外，形成完整的水系。园中有百余处以游赏为主的亭阁楼观等建筑，有奇花异草、珍禽异兽，有农家风光的田圃，有植物药材为主的药寮。由此可见，艮岳是一座少皇家气息而多天然色的人工山水园。

靖康元年（1126），金兵攻陷汴梁，都城人民避难于艮岳。当时恰好天降大雪，百姓无以为薪。徽宗迫于形势，只得下令拆屋为薪。一时间，上百座建筑毁拆殆尽。卫士击碎石峰为炮，山峦石峰夷为平地……一代瑰丽壮观的园林付之东流，一个朝代也随之灭亡了。

艮岳烟飞云散了，花石纲的重要石材"太湖石"却成为后世造园中的上选要素，一代又一代地流传至今。现代依然有迹可考的花石纲大型假山，当数苏州狮子林了。

元末临济宗代表人物天如禅师惟则的弟子，为迎接惟则来苏州，特在城东北建造了一座寺庙。惟则见寺院内的太湖石峰形状如狮子，也为纪念自己的师父明本得法于天目山狮子岩边的狮林禅院，便起名为狮子林。

苏州狮子林作为寺庙园林，糅合了浓郁的文人内涵，与文人写意山水园林一脉相承，在中国园林史上占有重要地位。（图68）

图68　倪云林狮子林图

　　建园之初，一批文人雅士便与狮子林结下渊源。据《吴县志》记载：狮子林假山是由朱德润、赵善长、徐幼文等诗人画家共商而叠就的。园林建成后，又有众多文人来往狮子林，或作文、或赋辞、或题诗、或画画。尤其是大画家倪云林所绘《狮子林图》，乃成千古名画，后被清乾隆皇帝命人临摹，并且他在六下江南中，七游狮子林（其中一次下江南，往返苏州时先后两进狮子林），三次题匾额，赋诗十首，还将狮子林分别仿建于北京圆明园和承德避暑山庄中，成为中国园林史上一个绝无仅有的佳话。

　　狮子林以现存元代最大的湖石假山而成名，有"假山王国"的美誉（图 69 ~ 图 71）。据考证，狮子林园址一带，本为"贵家别业"，是宋代官宦的别墅，遗有大量花石纲湖石，成为营造园林时的主要材料。现存的园林中，1200 平方米的大型假山群，全部用湖石堆叠，建起了立体的仿自然的迷宫。游人进入假山，"对面石势阻，回头路忽通。如穿九曲珠，旋绕势嵌空。如逢八阵图，变化形无穷。故路忘出入，新术迷东西。同游偶分散，音闻人不逢。变幻开地脉，神妙夺天工"。（《狮子林志》文汇出版社 2015 年 6 月版）

图 69　狮子林假山石峰

图 70　狮子林石峰

图 71　清钱维城《狮子林图卷》（局部）现藏于加拿大阿尔伯特博物馆

　　花石纲使太湖石叠山达到登峰造极的地步，但对太湖石的欣赏
却早在唐朝就已经盛行。唐代诗人白居易就是一位赏石大家，他不仅
玩石、赏石、鉴石、咏石，还写下了著名的《太湖石记》，对后世的
赏石理论、赏石方法影响深刻。在中华民族文化中，奇石是大自然的
精灵，中国人对石的崇拜，实际上反映了中国人自然宗教信仰的民族
基因，从《西游记》里孙悟空被压在巨石下，到《红楼梦》中女娲炼
石补天遗留的顽石（贾宝玉的"通灵宝玉"），可谓一脉相承。宋人孔
传在《云林石谱序》中把石作为天地之骨，又说"天地至精之器，结
而为石"，视石具有返璞归真的自然美。崇拜石头也即对自然的崇拜。

有"宋四家"之誉的米芾，因爱石而有"石痴"雅号，留下"米芾拜石"的佳话，他还发明了品石的四个标准——"瘦、皱、漏、透"，几乎成为后世品评太湖石的唯一准绳。清代李渔在《闲情偶寄》中，把"一卷代山"而造城市山林、"招飞来峰"而置于平地的手法概括得淋漓尽致；大山要"气魄胜人"，小山要空灵剔透，壁山如穷崖绝壁，石洞似"真居幽谷"，从而构造出虚实相间、意境无穷的天地，达到如读"唐宋诸大家"的艺术境界，赋予了假山峰石的文化内涵，大大提升了古典园林的美学价值。（图72、图73）

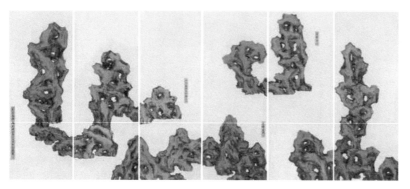

图72　奇石图

图73　苏州·寒碧庄十二峰图（局部）

具有典型人文气质的掇石叠山很自然地成为中国古典园林的独特内容。假山峰石体现了人对自然的亲近感，对山石的喜爱和欣赏，在庭园有限的空间里，略置一二奇石，或叠构一座山体，咫尺之间便自有一番山林野趣。它使人"不下堂筵""不出城郭"，便能享受到"林泉之乐"，从而达到妙造自然的艺术境界。

叠山自然不可无水，在中国文化词典中山水总是紧密相连的，仁者爱山，智者乐水，经过千锤百炼的叠山理水手法成为中国古典园林的四大要素之一。特别在苏州古典园林中最为典型，山水是全园的骨架和血脉，山水相依，山因水活，水随山转的山水组合，往往为一园主景。尤以水为构成江南水乡清秀景色的布局中心，其形式有湖、池、溪、湾、涧、泉、瀑等，或以聚为主，聚分结合；或参差曲折，细流潺湲；或水绕山流，萦环如带；或瀑布三叠，奔泻而下。园主利用城市水网之密，多引池水与外河相通；或别设暗窦引水入园，园内亭廊桥阁峰石无不凌波依水。在拙政园、留园、网师园、狮子林、怡园、鹤园、壶园、听枫园等众多古典园林池底都有水井，以利于保持活水，池鱼越冬，生机不息。水多则桥多，以梁式石板曲桥为主，矮栏平架，凌波生姿；亦有拱桥、廊桥。叠山按其功能、造型、结构、用石等，分别有池山、园山、厅山、楼山、书房山、峭壁山、壁山、洞山；在用材上，分别有石山、土山、石包土山；孤置峰石或点石也是常用的手法，如有江南四大峰石之称的苏州留园"冠云峰"（图74）、苏州织造署旧址花园"瑞云峰"（图75）、杭州西湖"绉云峰"（图76）和上海豫园"玉玲珑"（图77）。在江南园林中的山水佳作有苏州环秀山庄的湖石假山（图78）、惠隐园的水假山、南京瞻园的南假山、扬州个园的四季假山和苏州耦园的黄石假山、上海豫园的黄石假山、无锡寄畅园的黄石假山"八音涧"等。

图74　冠云峰（苏州留园）

图 75　瑞云峰（苏州织造署旧址花园）

图 76　绉云峰（杭州西湖）

图 77　玉玲珑（上海豫园）

图 78　环秀山庄假山有"独步江南"之美誉

八谈：诗情画意的古园文心

　　我国明末著名造园理论家计成在《园冶》中把园林的佳境提炼为"顿开尘外想，拟入画中行"，前半句就是诗的情趣，后半句就是画的境界。这实际上高度概括了文人写意山水园的本质特征。

　　"主人无俗态，作圃见文心。"苏州园林多由文人士大夫参与造园，他们以诗文造园，用特殊的抒情语言和手法写就出一首首凝固的诗，描绘出一幅幅立体的画，由此形成了清绝风雅，神韵独高，蕴涵哲理，耐人寻味的园林境界，洋溢着艺术情调和浓郁的书卷气息（图 79）。

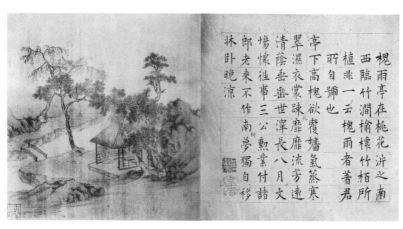

(a) 槐雨亭（画）　　　　　　　　　　(b) 槐雨亭（字）

(c) 小飞虹（画）　　　　　　　　(d) 小飞虹（字）

(e) 意远台（画）　　　　　　　　(f) 意远台（字）

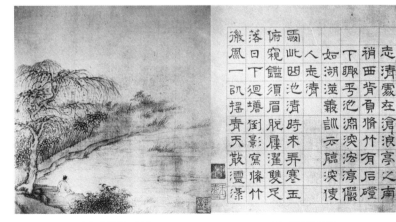

(g) 志清处（画）　　　　　　　　(h) 志清处（字）

图79　明朝文徵明拙政园三十一景图4组（诗书画三绝）

古代的去位官僚、退隐仕人、富商巨贾在建造宅园时，无不追求泉石之乐的天然趣味，企求通过造园来获得返璞归真的愿望和不合流俗的情思。他们为了把自己对自然山水的深刻理解和鉴赏能力，以及对人生哲理的体验感怀，融入造园艺术之中，总是从诗词中去寻找灵感，从绘画中去寻找模本，不论是园林总体布局还是细部处理，都追求"诗情画意"，来实现文人士大夫的隐逸雅致和书卷气。

要了解园林的诗意，首先要了解山水诗。山水诗是以自然山水为题材的诗歌。它的孕育和形成经历了一个漫长的发展过程，有其深刻的社会思想根源和文学演进过程。

其一，山水文化是中国特有的文化现象——把自然风景称之为山水，把观赏自然风景呼之为游山玩水，把对自然风景的赞美诗文冠之以山水诗文，把描绘自然风景的国画名之为山水画，把人工叠山理水的园林品之为写意山水园。延伸到造园，首先就是"相地"，改造地形，挖池垒山，疏通水源，"山是园林的骨架，水是园林的血脉"，山贵有脉，水贵有源，水随山转，山因水活，脉理相通，全园生动，山水相连，才为佳园。这既是园林布局的要领，叠山理水的规划，也是评判园林的主要标准之一。（图80、图81）

图 80　拙政园中部山水

图81 拙政园中部线描图（摘自刘敦桢《苏州古典园林》）

其二，中国是一个诗的国度，从春秋时期的《诗经》"风""雅""颂"，到楚辞《离骚》《九歌》《九章》、汉代乐府民歌、魏晋田园诗、唐诗宋词、元代散曲，明清小说，进入近代，出现《人间词话》，以及当代我们亲身感受到"毛诗"（毛泽东诗词），几千年来中华文化不断发展，诗文化从未中断过，可以毫不夸张地说诗词是中华文化中的经典之经典。

中国诗词的主要特征：高度凝练——写意。写意的起始可以从屈原算起，屈原的《离骚》是浪漫主义之源头，比兴手法、寓意内涵（如香草），达到很高水平，对后世的影响深远。司马迁的《史记》，以简练笔墨书写了上下三千多年的历史，一改"以时间为线索"为"以人物为主线"，以"诗化语言"讲历史，在文学史上占有重要地位，具有极高的文学价值，被鲁迅誉为"史家之绝唱，无韵之离骚"，被称为中国古代最著名的典籍之一和优秀的文学著作。唐代著名诗人王维把诗画提炼到"画中有诗，诗中有画"的艺术境界上，创造了中国古典文化的新境界。清末王国维《人间词话》，把中国诗词推到登峰造极的顶峰，这部中国古典美学著作，高度概括了中国诗词艺术特色的"三境界"，具有里程碑意义。中国诗文化让我们清楚地看到了中国的意境学说和写意山水艺术体系的渊源关系，一脉相承。中国园林就是在这种文化环境中产生、发展和成熟。

两千多年来，诗之浩瀚犹如海洋。在这片海洋中，巍然可观的是山水诗。一千四百多年前，当南朝梁太子萧统编集《文选》时，还没有意识到应该给"山水诗"留一专席，更没有预见到他所划分的游览、行旅、游仙等类诗，入唐之后竟会汇聚成山水诗的长河巨流，成为中华诗国的第一大宗，更没有想到会对另一门艺术——园林产生深刻影响。

历代山水诗的发展，始终受到社会思潮、政治、宗教的影响，特别是儒、道、佛，虽然，无论价值观念、思想崇尚、精神旨趣，还是审美方式、艺术思维、格调气韵，都相互影响，同中有异，相得益彰，各具风韵，自成体系。但从山水诗的价值取向上，依然可以看出其深受儒、道、佛的影响，折射出博大精深的儒、道、佛三原色。山水诗中既有对人生理想的追求（儒家），也有寄情山水、闲适无为的老庄趣味（道家），或有物我两忘的空灵仙境（佛家）。

儒、道、佛的思想和艺术修养，渗透到中华文化的方方面面，也必然影响到园林艺术。我们稍加注意就能发现，园林中的景观，处处隐喻着儒、道、佛的诗意，或心灵世界，或人生作为，或山水审美和艺术风神，无不折射出园主的精神世界、人生追求和生活趣味。可以毫不夸张地说，如果没有儒、道、佛的山水诗，中国古典园林的诗意将大为逊色，甚至可能就成为另外一种园林艺术形式了。

文人写意山水园的另一个显著特点是"画意"，就是运用写意山水画的原理和手法来造园，大到园林布局、造景，小到匾额、楹联，都运用了山水画的艺术手法，反映了文人的气质、品性、境界（图82）。造园者把他们对自然的感受，用写意的方法再现于园中，在园景中体现画意，几乎达到无处不入画，无景不藏诗，气韵生动，妙神超逸。明清时期，"文人风格"已经成为品评园林艺术的最高标准，其影响甚至波及皇家园林和寺观园林。将绘画艺术手法运用于造园，被后人公认为是中国古典园林艺术的特点之一。这种特点在江南古典园林中尤其彰显，并在园林艺术达到成熟的过程中，产生了一批杰出的造园家和造园著作，如叠山名家张南垣、戈裕良，造园理论家文震亨、计成、李渔等。

图 82　吴冠中狮子林图

画家感觉到山川之美，加以描绘，产生了山水画。造园家模拟山水，加以构筑，产生了山水园。无论是山水画，还是山水园，它们都强调画面（园林的画面称为景观）的意境，于是，评判一处园林景观时就有了一个公认标准——画意。"胸有丘壑，意在笔先"，强调的是意，是艺术家对山水凝神思索后而产生的审美意识结晶，具有诗质，故称画为"凝固的诗"，称园为"立体的画"。

明代造园家计成在《园冶》中所言"境仿瀛壶，天然图画"，就是提出了园林景色要像瀛壶仙境那般美如图画。其实，这是一个"意在笔先"的典型画意——画家可以描绘出一幅园林胜景图，造园家可以营构出一处林泉幽绝地，即使读者，也不难会产生一种园景如画的意念，在传神之笔中如身临其境。

园林画意，包含了两层含义，一是"景色如画"，一是"绘画景色"。

"景色如画"，是人们对园林景观最直接、最简练的赞美。园林经过造园家的精心选址、布局、构筑，放眼都是美如画的景色，于是人们便情不自禁地赞叹景色之美犹如一幅图画，"图画"成了美的代名词。其中当然也有诗情。古人在对园林景色进行赞美时，融入了自己的审美心理和感悟，反映出他们的性格和心境，写下了无数优美的诗文。东晋简文帝入华林园，顾谓左右曰："会心处不必在远，翳然林木，便自有濠濮间想也。"陶渊明归园田居后而写下众多如"采菊东篱下，悠然见南山"情景交融的田园意象风光。王维对山水田园的透彻感悟而写下一系列如"明月松间照，清泉石上流"意境空灵的美景。欧阳修"庭院深深深几许"的描绘，表现了景色的远达无限。晏殊"梨花院落溶溶月，柳絮池塘淡淡风"，描绘了一个春风和煦、月色柔美的庭院夜色。沈周这位著名的画家，又是风景园林美学家，擅长把景色提升到艺术的境界，写出了大量如"青山间碧溪，人静秋亦静。虚亭藏白云，野鹤读幽径"之类的诗篇；计成眼里的园林美景是"片山多致，寸石生情；窗虚蕉影玲珑，岩曲松根盘礴"……这样的诗文，在古园中可以说比比皆是。古人通过赋、诗词、园记、游记、碑文、匾额、楹联等艺术形式，在对园林景观的赞美中，不仅为后人提供了丰富多彩的赏园佳作，引人入胜，而且为后世记载下众多历史上曾经辉煌一时的园林景貌，成为不可多得的宝贵历史资料。

"绘画景色"。文人写意山水园林，是在山水画成熟的基础上发展起来的，它的艺术意境无不打上山水画意境的烙印。园林中的一山一水、一草一木，不是简单的自然模仿，而是"意在笔先"，在设计时融入了造园家的艺术旨趣。而这些造园家往往又是文人士大夫，他们有较高的绘画素养，深谙山水画的技巧和创作规律，在园林布局和设计时，用画理绘图，构成具有画意的完美景观，这就决定了园林景色具有绘画特点，或曰"画意"。我们知道的许多著名园林几乎都是文人士大夫的绘画景色（图83）。以苏州园林为代表的文人写意园林，是唐代王维"诗中有画、画中有诗"的艺术宗旨的生动体现，是中国文人写意艺术体系中的精华典范，在创作思想、美学意境、造园技巧、人文内涵上，以小巧、自然、精雅、写意见长，形成完整的艺术体系——园林三境界。

图 83　李可染拙政园图

所谓"园林三境界"，即自然美的生境、艺术美的画境、心灵美的意境，可用王国维的"艺术三境界"来高度概括：

第一境界——昨夜西风凋碧树。独上高楼，望尽天涯路。

［物境，寻路探索——形境，描述美（描写与叙述）］

第二境界——衣带渐宽终不悔，为伊消得人憔悴。

［情境，历练磨难——情境，抒情美（心情的抒发）］

第三境界——众里寻他千百度，蓦然回首，那人却在，灯火阑珊处。

［意境，情景交融——理境，哲理美（哲理的感悟）］

"园林三境界"浓缩为"写意山水园林"，诗情画意，神大于形，令人回味无穷。只有进入了这样的境界中，才算真正懂得了园林。"园林三境界"的创构可用生境、生境、意境来概括：

生境：就是要在狭小而有限的面积和空间中，创造出一个生意盎然的自然美的境界，同时又便于园主人的生活和休息娱乐；

画境：就是要把自然和生活中美的素材，通过剪裁布局和概括凝练等各种艺术手法，上升到画图的艺术水平；

意境：就是从生境、画境中去触景生情，构筑韵味，进入情景交融之中，引起人们思想上的共鸣，达到精神满足。意境是园林审美感受中的最高层次。

明代造园家计成，从小就有绘画才能，最喜爱临摹著名山水画家关仝、荆浩的笔意，打下了扎实的基础。成为造园家后，在设计构思园林时始终"胸有丘壑"，以其深厚的绘画功底，为他人设计出"宛若画意"的景色。

明代另一位造园家张南阳，自小随父学画，有出蓝之誉。他后来堆叠的假山（上海豫园、太仓弇山园），神工鬼斧，仿佛自然山林一般，其玩千钧山石于掌心的功力，也得力于他神妙的绘画修养，使他具有"胸有成山"的才能。

由此可见，著名的造园家，几乎都工绘事，深谙画理画论，运用自如，以画家之法再现山水，悉符画本，巧夺画意。略举几例如下：

北宋时的沧浪亭，苏州现存最古老园林，以诗人苏舜钦"沧浪诗"和"沧浪情怀"为标榜千古。其石亭柱上的"清风明月本无价，近水远山皆有情"，为清代苏州巡抚、著名诗人梁章钜集联，情景交融，意味隽永，景美、画意、境界融为一体，读来既有形美，又有意味，令人心情愉悦，得到陶冶，成为中国名联。

明代的拙政园，其园主王献臣既是官员也是文人，退隐建园，寄情山水，取名"拙政"，并邀请一些文人雅士为其设计庭院，其中有著名的吴门画派领袖人物文徵明。文氏为此反复推敲切磋，先后五次画过拙政园图，共计 31 幅，每幅绘一景点，并配诗词、书法，总称《拙政园卅一景图》，或《拙政园图咏》。园以画传，文徵明的拙政园诗文图画，至今读之，依然如睹当年楼台花木之胜，成为不可磨灭的园林胜境。

清代的留园，五峰仙馆有一副长联：（图 84）

图 84　留园五峰仙馆长联

读书取正，读易取变，读骚取幽，读庄取达，读汉文取坚，最有味卷中岁月；

与菊同野，与梅同疏，与莲同洁，与兰同芳，与海棠同韵，定自称花里神仙。

造园者运用文学修辞和花木香草寓意，通过物境、情境来表达自己的抱负、志向和感情，情景交融中饱含着深沉的历史观、人生观、宇宙观。趣味品格，意境隽永，余味无穷。

九谈：君子风范的修身之所

人们都说，园林是修身养性之地。园主恬淡寡欲，不以功名为念，每日只以观花种竹、酌酒吟诗为乐，以风月为伍，以松竹为友，历练朴质的气质和美的情操。修身的重要内容，就是在以琴棋书画为主的清雅生活中，培养云水风度、松柏精神的君子风范。

借花木寄情，以花木言志

花草树木也是构成园林景色的重要因素，与山、水、建筑有机结合，形成园林的独特风格。园林植物既是造景的素材，又是观赏的对象，更重要的是经挑选的名花佳树，是园主表达自己审美情趣和精神追求的重要手段，修身养性的重要参照物。以植物作为审美景观，在苏州园林中有许多著名的例子。

从宋代开始，文人雅士已将花木人格化，花品即人品，菊、梅、莲、兰、海棠等同为花中上品，因各自的风姿个性不同，被古人列为花之"十友""十二客"。宋人曾端伯题花："荼蘼韵友，茉莉雅友，瑞香殊友，荷花静友，崖桂仙友，海棠名友，菊花佳友，芍药艳友，梅花清友，栀子禅友。"宋人张敏叔则称："牡丹为贵客，梅为清客，菊为寿客，瑞香为佳客，丁香为素客，兰为幽客，莲为静客，荼蘼为雅客，桂为仙客，蔷薇为野客，茉莉为远客，芍药为近客，合称十二

客。"（明《三馀赘笔·十友十二客》）

从苏州园林的花木景观中可以看到，文人雅士与花木结下了不解之缘。他们借花木寄情，以花木言志，许多建筑、景观常以周围所植花木而命名。如有吉祥寓意的景观，多植桂树、玉兰，象征"金玉满堂""兰堂富贵"。如具有书卷气息的景观，植芭蕉以听雨，植果树赏秋实，植丛竹取高洁品格。利用花木的季节性，构成四时不同景色。利用花木的姿态、线条、色香等特点，协调环境，春来看柳，冬雪赏梅，夏日荷蒲薰风，秋景桂香四溢，达到情景相融。如拙政园中部的水中"三岛"，中为"雪香云蔚亭"，周围植梅花，以赏春景；西有"荷风四面亭"，荷花满池，是观夏荷的佳处（图85）；东是"待霜亭"，傍栽橘树十余株，取唐韦应物诗："洞庭须待满林霜"句，秋景正浓。

图85　拙政园远香堂

苏州优良的自然环境使苏州园林的植物造景有丰富的林木花卉资源，是苏州古典园林能够兴盛的先决条件。常用的花木种类，大致有观花类、观果类、林木荫木观叶类、竹类、草木与水生植物类。

观花类，如山茶，具有潇洒高贵的品格，人们给它概括出花好、叶茂、干高、枝软、皮润、形奇、耐寒、寿长、花期长、宜插瓶十大特点。历史上，拙政园的宝珠山茶闻名遐迩，它花簇如珠，枝节连理，惟江南园林所见，300 余年间，骚人墨客题咏不绝。后来的园主虽已不能一饱眼福，但仍慕山茶之名，种名贵山茶 18 株，建"十八曼陀罗花馆"。此后，山茶成为拙政园的传统花卉，久盛不衰。

观果类，常见的有枇杷、石榴、柿、梨、枣、瓜、南天竹、枸杞等。沉甸甸的果实给人一种生命充实的感受。拙政园的枇杷小院，蕴含着人们对美好生活的无限向望。枇杷秋天孕蕾，冬天开花，春天结果，夏天成熟，集四季之气，结累累金果，给人以生命的繁衍。

林木、荫木，以观赏其枝叶和树形姿态为主，如常见的有黑松、罗汉松、白皮松、圆柏、柳杉、香樟、银杏、梧桐、榆、榔榆、榉、槐、合欢、臭椿、黄连木等。这类树木的特征是高大长寿，枝叶茂盛。还有黄杨、石楠、女贞、棕榈、槭、枫香、垂柳、红叶李等，这类树以观叶为主，以绿色给园林活力与生机。白皮松，常绿乔木，枝干外皮剥落，内皮洁白，覆以翠绿树冠，特别醒目，独具奇观。留园又名"寒碧庄"，其含意之一是园内多植名贵树种白皮松，有苍凛之感。银杏，落叶大乔木，树干端庄，树枝雄伟，树龄长，有"活化石"之称，沧浪亭、狮子林、留园等均作为主要景观配置，是古园的历史见证。槭树种类多，叶色姿态各异，无论单株或群植皆宜，留园的绿荫轩即以旁立的古槭而得名。

藤蔓，是园林中常见的植物，有紫藤、凌霄、爬山虎、木香、蔷薇、金银花、络石、常春藤等，它具有花叶色彩美和枝干景观美的特点，是园林中不可缺少的植物。拙政园内，文徵明手植紫藤已有四百多年的历史，不仅其姿夭矫蟠曲，鹤形龙势，花时鲜英密缀，紫玉垂串，而且已是文人园的一件活的文物。狮子林、留园、怡园、网师园的紫藤，花时照眼明，缤纷吐紫霞，令人心动。藤本植物依附墙壁而造成的屈曲盘绕、纵横伸展的抽象图案，犹如张旭、怀素的草书，具有中国书画大写意的气势磅礴之美。藤蔓的攀援或引渡，还可以创造各种景观，如木香亭（拙政园）、紫藤廊（狮子林、留园）、凌霄墙（拙政园、怡园）等，可谓各具风姿，妙趣横生。

竹，中国有竹 400 余种。苏州园林常见的有慈孝竹、象竹、寿星竹、斑竹、方竹、凤尾竹、箬竹、刚竹、黄金镶碧玉竹等。"竹贯穿于中国诗史、画史乃至文化心理史，构成了传统的竹文化。它对园林的花木配置，产生了不可忽视的深远影响"（金学智《中国园林美学》）。竹有色泽美、姿态美、音韵美、意境美，又有"君子"美称。苏轼云："宁可食无肉，不可居无竹。"郑板桥无竹不居，一生以种竹、画竹、咏竹为乐。苏州园林更是"无竹不园"。每一座园林或庭前、或庭后、或窗外、或宅旁溪畔花间林中，植竹无不适宜。沧浪亭以竹为胜，看山楼、翠玲珑四周，绿竹如碧，乱叶交枝，摇风弄雨，倩影映窗，展示出竹与风月相宜的美妙境界。（图 86 ~ 图 89）

图 86　春色（拙政园中部）

图 87　夏色（拙政园荷风四面亭）

图 88　秋色（留园舒啸亭）

图 89　冬色（拙政园小飞虹）

　　草本与水生植物也是园林中不可或缺的植物，常见的有芍药、菊花、芭蕉、凤仙、萱草、兰花、书带草、荷花、睡莲、凤眼莲、芦苇等。这些植物一般都比较小而柔软，又有着与众不同的特殊个性，多给苏州园林增添文人书卷气息。拙政园的听雨轩小院，芭蕉的修茎大叶，高舒垂荫，雨打芭蕉时，声圆音美，特别具有诗意（图90）。荷花以其出淤泥而不染，成为苏州园林中具有特殊意义的植物，每一座园林都有栽培，尤以拙政园远香堂、芙蓉榭为最著。

图90　芭蕉窗景

梅兰松竹

　　园林中的梅兰松竹已经不是简单的植物，而具有文化内涵。中国人很早就以梅兰松竹为人生修养的参照物。自《易经》上讲"同心之言，其臭如兰"和孔子讲"岁寒，然后知松柏之后凋也"以来数千年，人们对梅兰松竹的赞誉可以车载斗量了。宋元人把松、竹、梅合称为"岁寒三友"，也有的再加上兰，合称"四友"。古人普遍赋予梅兰松竹以清纯高洁、坚贞自守、正气凛然的品格情操，因而受到文人士大夫的崇敬，也受到全民族的喜爱，积淀着民族文化精神。

　　历代文人士大夫对梅兰松竹的歌咏和赏玩，并非仅重其姿色，而是更重其神韵，经过审美移情，将它们人格化，赋予梅兰松竹各种清高品格，比如敬仰寒梅的凛然冷艳，颂扬兰花的独处幽远，赞美青松的傲然苍劲，歌咏翠竹的虚怀亮节，等等，借梅兰松竹以寄怀、励志，达到修身养性的目的。在这种比德审美的影响下，作为一种品格象征，松竹梅兰成为造园者首选的植物，必不可少的植物景观，甚或

"无竹不成园"。而因松的长寿，园林中的古松奇柏，还是珍贵的文物，被誉为园林的一宝，是园林的历史见证。

在中国古典园林中，用梅兰松竹营造的景观可谓举不胜举，但仔细品赏，每一处景观又不尽相同，运用巧妙者，往往神形兼备。仅以苏州拙政园为例，以"四友"为名的景点就有："兰雪堂"，意为似兰之幽香、如雪之洁白；"雪香云蔚亭"，雪香指梅花，苏州光福马驾山梅林称为"香雪海""玲珑馆"，喻竹为翠玲珑，撷竹之色采风韵；"听松风处"，以示隐居山间之意；"得真亭"，真气来源于松柏，咏松柏之本性；"梧竹幽居"，在梧桐和竹子掩映下的幽静居处；"倚玉轩"，轩旁有美竹故名，等等，大大丰富了园林景观的内涵，引起人们在观赏花木之美的同时，得到精神上的愉悦和启迪。

琴棋书画

琴棋书画是中国古代艺术的重要门类，中华民族文化的结晶，文士风雅的象征。"琴棋书画"在秦汉之后，已经从物质劳动生产的直接产品，演变成精神产品，逐步进入士大夫的文化和精神生活，成为他们模拟自然，抒发情感，解脱忧愁，表现自我，创造美景的最佳手段（图91、图92）。

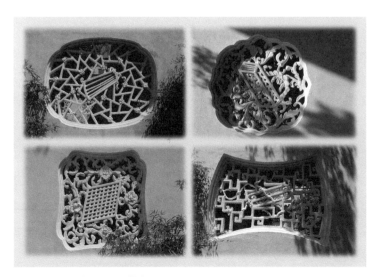

图91 狮子林花窗——琴棋书画

图92　园林建筑门板上的琴棋雕刻（留园）

　　"琴棋书画"连称的最早记载，可见于唐代张彦远的《法书要录》，该书卷三引唐人何延之《兰亭记》："辩才博学工文，琴棋书画皆得其妙。"在古代社会中，士大夫与琴棋书画结下了不解之缘，他们独特的精神气质和才情智慧铸就了琴棋书画超凡脱俗的风雅灵魂；琴棋书画又赋予士大夫与众不同的风雅特征。于是，琴棋书画一直成为衡量风流儒雅的文化艺术修养的一个重要标准。

琴

　　琴，我国一种古老的富有民族特色的乐器，我国古代八类常见乐器中的一类（八类，古代称"八音"），它与瑟、筑、筝、琵琶、箜篌等同属"丝"类弹弦乐器。琴以木为身，以丝为弦，由于古代多用桐木作琴，所以古人有以"丝桐"之名称琴的。琴弦的数量，据东汉许慎《说文解字》记载，最初为五，周朝初期增加到七，故琴又有"五弦""七弦"之称。宋人朱长文撰写的《琴史》是我国第一部琴史专著。

从先秦到明清，文人学琴，代代相承，形成传统。历史上众多文士都善于弹琴。据《史记·孔子世家》记载，孔子曾经把诗三百零五首都用琴一一弹奏并演唱过。《列子·汤问》载有"伯牙善鼓琴，钟子期善听"之说，"高山流水觅知音"的故事成为千古绝唱。东汉著名经学家马融不仅博文才高，而且善于鼓琴，可谓满腹经纶，气度雍容，为世垂范。东汉另一位著名学者蔡邕精通音律，善于弹琴，并写下《弹琴赋》，赋中把体现高情义志的和谐琴声称为"雅韵"。西汉大文学家司马相如在《长门赋》中称古琴为"雅琴"，而他以琴声去挑动卓文君的芳心，更是千古传诵的风流佳话。魏晋时期，弹琴已经在文人士大夫中广为普及，弹琴成为名士风流的具体体现。隋唐以后，在文人士大夫的心目中，琴已经完全成为"雅"音的代表，称琴为"大雅之音"（图93）。

图93　宋徽宗赵佶《听琴图》

琴，在文人士大夫的手里，既不同于卖艺人取悦市井众生的谋生工具，也不同于风月场上声色享受的乐器，而是文人士大夫闲适生活的点缀物和高情逸态的象征品。文人士大夫的琴曲、琴音、琴韵、琴意、琴趣，其内蕴反映了文人士大夫的思想感情、品德节操、审美趣味，传达着他们内心的喜怒哀乐。他们或是以琴传情，借琴明志，或是忧患人生的心灵渴求，或是高山流水遇知音，通过琴声来表现自己的情感、志向和意境，并在琴声中体验人生、感悟人生（图94）。

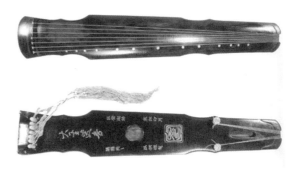

图94 古琴：大圣遗音·唐

古代造园家大多要在园林中布置具有琴境的琴室、琴亭，透出丝丝琴韵。苏州怡园园主顾文彬，善音律，对"高山流水觅知音"的高雅超逸的境界神往已久，在自己造园时，精心构筑了与琴有关的景点：坡仙琴馆。这座建筑内部分隔成两间，东侧有匾"坡仙琴馆"，西侧匾额"石听琴室"。 室外庭院中有太湖石如伛偻老人作俯首听琴状。坡仙琴馆由吴云书额，并加跋说，园主顾文彬曾在此室收藏苏东坡的玉涧流泉古琴，并供奉苏东坡之像，以示对苏氏的敬仰之情和自己的高洁风雅之举。正如馆内旧有的对联所说："素壁有琴藏太古，虚窗留月坐清宵。"在一个月朗风清的夜晚，与石同坐，聆听高山流水的琴声，犹如天庭高处的乐章，多么古雅潇洒！

棋

棋，这里所指的是围棋，我国古代文化的瑰宝之一，起源相当久远。先秦《世本·作篇》说"尧造围棋"，明确说围棋起源于尧舜时期。晋朝张华在《博物志》中也说"尧造围棋以教子丹朱"。明代谢肇淛《五杂俎》说:"古今之戏,流传最久远者,莫如围棋。"《大英百科全书》认为"围棋于公元前2356年左右起源于中国",可见围棋的历史多么久远。

围棋具有巨大的独特魅力,蕴蓄着博大精深的传统文化思想内涵。汉代班固在其《弈旨》中就曾指出:围棋"上有天地之象,次有帝王之治,中有五霸之权,下有战国之事,览其得失,古今略备"。围棋棋理与中国最古老的典籍之一《易经》在哲学层面上是相通的。"阴""阳"是《易经》从复杂的自然现象和社会现象中抽象出来的两个具有本体意义的基本范畴。对立统一,相辅相成,构成了复杂而有序的大千世界。围棋以黑白二色棋子为基本元素,以方圆为基本造型,在纵横一十九路的小小棋盘上,相依相存,此消彼长,一如"阴阳"之道衍生万物一样,蕴蓄着无穷的可能性,演变出难以数计的复杂棋势,以至于"有星辰分布之序,有风雷变化之机"。同时,围棋与儒家的伦理思想、老庄思想是一致的,强调的是修身养性,由棋风便可见人之秉性、人生态度、人生境界。因此,围棋深受人们的喜爱,上至帝王将相,下至庶民百姓,无不对围棋表现出浓厚的兴趣,陶醉于黑与白的特殊世界里。其中,文人与围棋的关系尤为密切。在琴棋书画四大艺术门类中,文人对围棋的喜爱程度,参与围棋活动的人数仅次于具有实用性的书法艺术(图95)。

图95 网师园古典家具:多用棋桌(围棋、象棋、双陆棋)

文人士大夫普遍视围棋是一种风雅的象征，历练品性和领略人生真趣的手段。因此，他们在对弈中都很重视外在环境，讲究在清幽雅致的环境中纹枰对局，"棋信无声乐，偏宜境寂寞"，园林便成为他们最理想的对局处。许多文人都曾作诗欣赏这种闲情雅兴，如，欧阳修"新开棋轩呈元珍表臣"诗：竹树日已滋，轩窗渐幽兴。人闲与世远，鸟语知境静。春光蔼欲布，山色寒尚映。独收万虑心，于此一枰竞。

杜牧"题桐叶"诗：樽香轻泛数枝菊，檐影斜侵半局棋。

许浑"题邹处士隐居"诗：岩树阴棋局，山花落酒樽。

皮日休"李处士郊居"诗：园里水流浇竹响，窗外人静下棋声。

高启"围棋"诗：偶与清闲客，围棋向竹林。声敲惊鹤梦，局里转桐阴。

园林专门用于对弈的场所是很多的。亭、台、楼、阁中几乎都有棋桌、棋盘之类的设置，甚至墙上的装饰都与此有关。更多的情景中，琴棋书画是融合在一起的，操琴舞剑，品茗听曲，走棋看花，是文人士大夫一种风雅偶傥的生活方式，一种风流儒雅的艺术气质，一种远离尘世的精神追求，一种人生修炼。

书

书，即书法，与园林的融合有其文化渊源，是随着汉字的发展而诞生的，距今至少已有 3500 年的历史。中国书法"肇于自然"，中国园林"法天象地"，两者艺术创造都遵循"外师造化，中得心源"的宗旨，在理念生成及艺术思想方面有着内在的融合与相通。书法是祖国文化艺术宝库中的瑰宝，也是文人园的重要标志之一，苏州园林尤为突出。

魏晋之前，书法在宫苑园林中的应用侧重于园林建筑物的简单标注。而魏晋之后，随着文人园林文学趣味的日益丰富及书法艺术的日臻完善，至唐宋时，中国园林中"诗、书、景"三者相映生辉的艺术特色已基本形成，特别是宋代出现的匾额、楹联等形式，匾联、碑刻等书法诗文艺术在园林得到广泛应用，书法艺术成为表现园林精神旨趣的重要手段。明清之际，苏州园林发展到巅峰，苏州的书法艺术水平也达到一个新的高度。明代文豪王世贞曾经自豪地说过，"天下法书归吾吴"，吴门书派以钟（繇）、王（羲之、献之）为源头发展而来，至明代中期，书法中兴的代表人物均出自苏州，"明四家"沈周（石田）、文徵明、唐寅（伯虎）、祝允明（枝山），以及开创中国印学新局面的文彭、明后期书坛的旗手人物董其昌等，吴地书坛名家辈出，彪炳数百年。书法与园林的"联姻"，又催生了手工艺技艺的发展，苏州出现了一批制作匾额楹联、刻帖、镌石高手，他们技艺精湛，懂得文墨旨趣，经过工艺处理，将名家墨宝精心镌刻在银杏、红木、竹木、石碑、书条石等材料上，成为精美的艺术品，或悬于建筑，或嵌于墙壁，或刻于崖石，成为园林最具艺术特色的装饰品，起到品题、抒情和点睛的作用。园林因书法更显精神，而书法因园林更具活力，在两者的互动中，园林山水景观所蕴含的意境和旨趣得到了深层次的揭示。书法是文人写意山水园不可或缺的内容，倘若没有了书法的参与，古典园林也就会失去它很多的灵气和意味。

苏州园林中的书法包括了自书法南派开山祖三国时钟繇开始，至晋、唐、宋、元、明、清各个时期的一百多位书家的集帖，如王羲之、王献之、褚遂良、欧阳询、虞世南、颜真卿、张旭、米芾、苏轼、黄庭坚、文徵明、董其昌、王文治、刘墉、郑板桥、翁方纲、何绍基、钱大昕、吴大澂、俞樾等，还有当代书法家林散之、王个簃、顾廷龙、蒋吟秋等，主要以匾额楹联和书条石、砖刻、石刻来表现。

书条石，旨在介绍书法，其内容都是园主收藏的历代名人法帖的拓本，均由著名书法家书写，巧匠高手摹刻，被称为"双绝"，以留园、怡园、狮子林为最丰富。如留园王羲之的"鹅群帖"、文徵明的"兰亭序"，怡园的法帖（王羲之、怀素、米芾等书法），狮子林颜真卿的"访张长史请笔法自述帖"，都是十分珍稀的墨宝，从中可以看到历代书法家继承与发展的概况。碑碣多陈列于亭内，如沧浪亭、狮子林、虎丘、天平山的"御碑亭"。此外，园林中的碑刻也是陈设布置中不可缺少的内容之一，以沧浪亭内的碑刻最具特色，不仅品类繁多，有碑记、文跋、图像、石额、石对等，尤以图碑著称，从人物小像，到园景图，从"五老""七友"图，到五百名贤画像，洋洋大观，是记载沧浪亭历代兴废的重要史料，也是研究苏州古代史（主要是清代）的珍贵文物（图96）。

图96　沧浪七友图

　　中国文化传统是诗意的文化，而非西方的理性文化，因此，中国传统造园常用诗句点睛，即在园林的每一处景观，都要配上匾额楹联。而这种独立的艺术小品，在苏州古典园林中表现得格外精彩，是苏州古典园林艺术中最具特色的要素之一。匾额楹联作为园林艺术的点睛之笔，为建筑物作典雅的装饰，为园林景观作说明书，又为园主作心灵的独白，反映了造园者的文化心态；它们还最直接地将文学艺术融会于园林造型艺术之中，借以发出审美信息，激发人们的联想，深化人们对景观的理解，从而使人们能品味出园景的立意和含蓄深远的意境。这些墨迹，在造园过程中用最恰当的文字题额写联，表达此景此境，使园林更富有诗情画意。因此，曹雪芹在《红楼梦》中精心设计了一个蔚为大观的园林工程——大观园，妙在不用笔墨写浩大工程，而用两回书的篇幅描绘景物匾额楹联的题咏，"无字标题，任是花柳山水，也断不能生色"（贾政语），可见，这一语言艺术在造园设景中的重要作用。匾额楹联与景物相互补充、相互衬托，把景观推向更高的艺术境界。正如刘天华在其《"拉奥孔"与中国古典园林》中说：匾额楹联"犹如西方的标题音乐，这种诗与自然风景的结合，是我国造园艺术家独创的具有民族特色的'标题风景'"。这个"标题"便成为赏识风景的钥匙（图97）。

图97　耦园书房"还研斋"，园主嗜爱文房四宝

　　为了充分反映园林的文化性，苏州历代的园主和后来的修葺者、造园者均十分重视匾额楹联，他们常常请来名家作联和名家书法，把园景艺术表述在诗句中，与环境切题，以此产生意境。这些诗句必须按其景，合其意，内容贴切，文字洗练，读咏朗朗上口，意境含蓄深远，又要立意新颖，不落俗套，从而引人入胜，耐人寻味。在苏州古典园林中随处可见名家、名额、名联，蔚为大观，可谓一大文化景观。

　　欣赏匾额楹联，久已是人们游园的一种雅兴。曹林娣曾著《苏州园林匾额楹联鉴赏》（修订本），为人们欣赏匾额楹联提供了一个范本。她在《凝固的诗·苏州园林》中有过精辟的论述：苏州园林与中国文化一脉相承，"诗文兴情以造园。……从中国古典诗文入手品园造园，就找到了品评造园的本源。鉴赏苏州文人写意山水园，更应作如是观"；"苏州园林的意境，往往通过大量的诗文题咏，将这些既定的意境信息传递出去。……它们不是粗浅的直接表露，大多是从古代诗文名句中撷来的精华，或从景观美中提炼出来的神韵，两者相互渗透融合，熔辞赋诗文意境于一炉。"匾额楹联是诗意、书法艺术、意境享受的综合体，它在园林欣赏中起到点景深化审美感受的作用，通过双向交流、和谐共鸣、物我契合，从而获得深刻的园林审美享受，即所谓"韵外之致""味外之旨""象外之象""景外之景"等园林艺术美的最高形式。

画

中国画以笔墨线条构图，形成写意风格，在世界文化艺术中独树一帜，是中国人文化修养和精神追求的独特表现形式。

人们常用"诗情画意"来形容中国园林之美，有"凝固的诗，立体的画"之称。这"诗情画意"就是按照中国诗画艺术的创作原则构筑园林，刻意追求诗的情趣和画的意境。中国诗画对古典园林的形成、发展提供了最重要的艺术源泉。

魏晋南北朝时期，由于中国社会政治的剧烈变化，哲学和文化艺术领域出现了不同于以前的新的变化，旧的伦理道德观和价值观被彻底否定，老庄思想勃兴，玄学风靡于世，直接影响到士大夫的人生观。由于魏晋时代的黑暗政治，社会动荡不安，思想文化界忌讳政治，只谈山水。老庄的"无为而治，崇尚自然"的哲学，玄学的返璞归真，佛家的出世思想，激发了士大夫、官僚阶层对大自然的向往之情。文坛上谢灵运始为山水诗，画坛中顾恺之、宗炳、张僧繇也形成具有个性的山水画风格。社会风气、文人风格对造园产生深刻影响，按照富有画意的主题思想精心构造的文人园成为造园者的追求。上位者带头恣情山水，他们既要坐享山林之美，又不愿脱离尘世，于是便出现了在城市中建造山水园林的"朝隐"新观念。在此思想的推动下，一批归隐山水的退隐官吏和文化人以及富商巨贾、在位官僚在建造宅园时，无不追求泉石之乐的天然情趣，通过造园来企求摆脱礼教束缚，获致返璞归真的愿望和不合流俗的情思。造园活动和以自然界为主要描绘对象的山水诗和山水画同时并举，进入繁荣时期。

自唐代王维形成文人画表现形式，宋代苏东坡奠定文人画理论，至宋元成熟的文人写意山水画，这是中国传统文化光辉灿烂的一页。文人画在其发展中，按地理地域、绘画体裁、风格师承、宗旨意趣等逐渐形成南北两宗。它们的审美理想和追求泾渭分明，北宗在黄河流域，画风画技工致严谨、富丽堂皇，多为供奉皇室的画院专业画师所作。南宗在长江流域，画家们追求潇洒简远，淡泊平和的自然意境，抒发性灵，表现自我，推崇稚拙、古朴的自然真趣和放逸清奇的文人情怀，多为在野文人士大夫的绘画，但逐渐成为中国画的主流。《明画录》云："南宗推王摩诘为始祖，传而为张噪、荆浩、关仝、董源、巨然、李成、范宽、郭忠恕、米氏父子、元季等大家。明则沈周、唐寅、文徵明辈，举凡士气入雅者，皆归焉。"十分明晰，中国写意山水画的大师多出于南宗，出自文人士大夫，而其领袖人物又多为苏州人，风格显世，形成影响很大的画派——吴门画派，苏州成为文人画的发祥地。

文人画进入明代已完全成熟，其最大的特点就是写意，"外师造化，中得心源"，不屑似自然的原貌，却能传自然之神，具有更强的艺术感染力。文人画还把诗、书、画融为一体，在画卷上署名、盖印、题诗、题跋等的运用，与画面有机结合，体现出清淡隽永的韵味，包含了隐逸情调的雅趣，反映了文人的气质、品性、境界（图 98 ）。

文人画的艺术风格不仅为园林的创作提供了丰沃的文化土壤，而且，文人画的主流格调逐渐影响到苏州地区的造园活动，大到园林的布局、造景，小到匾额、楹联、砖额，都运用了文人画的艺术手法。造园者把他们对自然风景的深刻理解和对自然美的高度鉴赏能力，以

图 98　明·钱榖《求志园》图（局部）

及对人生哲理的体验感怀，用写意的方法融注于造园艺术之中，在园景中充分体现画境和文人士大夫的隐逸雅致和书卷气；园林有"诗情画意"，做到"立体的画、无声的诗"，使之"无处不入画，无景不藏诗"，气韵生动，妙神超逸。计成在《园冶》中曾多次提及造园要追求"画意"，把有"画意"的园林誉为"多方胜境，咫尺山林"。明清时期，"文人风格"已成为品评园林艺术的最高标准，其影响甚至波及皇家园林和寺观园林。将绘画艺术手法运用于造园，被后人公认为是园林艺术的特点之一。

从现存的苏州古典园林中，可以清晰地看到文人画对园林的影响，从宏观上可以看到一条园林文化发展的历史轨迹：宋代造园以山林野趣为特征，与追求潇洒简远的绘画理论一脉相承，着力为山水写真传神，代表作有沧浪亭。元代造园以文人气息渗透为特征，文人参与造园设计，把绘画的移情寄兴手法带进造园之中，代表作有狮子林。明代园林，文人写意山水园林体系日臻完美，文人画与文人园的完美结合，形成了苏州古典园林特有的艺术风格，奠定了在中国乃至世界造园史上的地位，代表作有拙政园、网师园、艺圃。清代中、晚期以文人与匠人的糅合成纯艺术化为特征，造园艺术炉火纯青，匠气浓郁，代表作有留园、怡园、退思园等。

十谈：花石匠的历史功绩

　　翻开中华五千年文明史，秦皇霸业、汉武强国、唐宗伟业、宋祖江山、永乐盛典、康乾盛世，都如大江东去，一去不返。然而，秦皇之陵、汉武高坟、宋塔元庙、明清宫殿却依然巍巍屹立。各式各样的中华建筑，浓缩了数千年的历史，从城市与建筑的布局、台基的高低、梁柱的多寡、构件的比例、兽吻的种类，甚至彩画、着色的规格，门簪、户对的设置等，都包含了社会制度、经济发展和文化内涵。当人们看到蜿蜒巍峨的万里长城、金碧辉煌的故宫、高耸壮丽的宝塔、精致典雅的园林之时，必然会想到一段历史、一种文化。因此，人们把建筑称之为"石头的史书""凝固的乐章"。建筑不愧为一个国家、一个民族历史文化的标志，将古典园林称之为"传统文化的博物馆"。

　　那些无与伦比的古代建筑、古典园林，凝聚着工匠的智慧，他们用手中的斧、锯、刨、凿，把精湛的技艺融入每一个部位和细节之中，营构成精美的木构屋架、木雕门窗、砖雕牌楼、泥塑戗角、花街铺地、匾额楹联、假山池水……，人们常常蔚然起敬于景观时，却极少会关注为此付出心血和汗水的能工巧匠（图 99 ～图 102）。

图 99　20 世纪 30 年代的木匠，用拉锯开大料（老照片由姜晋提供）

图 100　1957 年苏州园林工匠在进行假山维修

图 101　1980 年参加美国纽约大都会博物馆中国庭院明轩工程的苏州园林工匠

图 102　中国盆景艺术大师朱子安（右）在制作盆景

在我们的文化基因中存在着"重士轻工"的因子，根深蒂固，几千年文化是"学而优则仕"，而对技术不以重视，甚至轻蔑，工匠地位低下，得不到社会普遍尊重。纵观中国历史，那种皇帝建陵后残杀工匠似乎已成为一种惯例。明末清初，一本世界最古造园专著《园冶》，因所谓政治问题，被扼杀在摇篮中！直至清末民初才被有识之士从日本觅回！即使进入近代，西方工业革命科技大发展时期，清廷仍然把技术类《天工开物》列为禁书。工匠留给世人无与伦比的手工艺术作品，也留给世人卑贱的地位，"匠户"成为贬词，在造园中不登大堂之雅，重士轻工成为陋习，很少有人为他们树碑立传，关于历史上造园工匠的史料少之又少。即使在当代人人平等的时代，我们依然没有根除这种自身的"劣根性"！以致当我们突然发现传统工匠后继乏人时，又发觉我们对它们的了解太少太少，工匠们总是默默无闻，几乎不为人知。然而，不难想象，离开他们，任何精美设计的园林都无从谈起，用现代语言说，他们才是最有力的执行者，而缺少动手能力、执行力正是现代社会的一种通病。为此，本文要着重谈谈历史上在江南一带的"花石匠"（叠山工匠），如明代的周秉忠、张南阳，清代的张涟、张然、戈裕良等（蒯祥和香山帮作为著名的木构工匠，已被广为宣传，香山帮营造技艺已被列入非物质文化遗产传承代表作，广为人知，这里不再赘述）。

周秉忠（生卒无考），字时臣，号丹泉，明万历年间出生在苏州，明代著名叠山大家。周秉忠，多才多艺，善画人像，精竹木雕刻、制漆器、烧瓷器，其仿古瓷器为苏、松、常、镇等地鉴赏家赞许。周氏尤以造园叠山见长，有传世之作，其代表作有苏州留园大假山和惠荫园水假山。据袁宏道《园亭记略》说："徐囿卿园（即今留园）……石屏为周生时臣所堆，高三丈，阔可二十丈、玲珑峭削，如一幅山水横披画，了无断续痕迹，真妙手也。"江进之（明万历年间长洲县令）《后乐堂记》也说："……周丹泉，为叠怪石作普陀天台诸峰峦状，石上植红梅数十株，或穿石出，或倚石立，岩树相间，势若拱道。"现代中国园林学家、上海同济大学教授陈从周在《园林谈丛·园史偶拾》中说："今日留园中部和西部的假山，尚存当时规模。"他认为这一黄石假山即为周秉忠所叠。周秉忠仿照洞庭西山林屋洞的形象在城东的南显子巷惠荫园堆叠假山，进山洞口狭窄，里面却极为深邃。洞中有积水，依水叠出水假山，玲珑剔透仿佛天然岩洞，穹顶倒垂钟乳石，沿洞壁辟筑栈道，曲折幽深，迂回一周后，经另一个洞口伛偻而出，回顾却距原进口不远，有"小林屋洞"之誉，为国内罕例（惠荫园现为江苏省文物保护单位）（图103、图104）。

图103　古籍本徐树丕著《识小录》记有周秉忠生平轶事

图 104　周秉忠"小林屋"水假山

　　周秉忠的儿子周廷策，又名一泉，亦为叠山高手，善画观音，与父一起参与江南多处私家园林假山叠作，先于父卒。故周秉忠的作品，多是父子合作的结晶。

　　张南阳（约 1517—1596），字山人，号小溪子，卧石生，出生在上海，明后期叠山宗匠。其父是画家，张南阳幼传家学，熟娴绘画。后受潘允端之请为其造园，他以绘画手法堆叠山石，受时人推崇，富家造园莫不以得其叠山为荣。曾为陈所蕴建日涉园，又为王世贞在太仓建弇山园。王世贞自为之作记八篇，记中述园中以黄石为砌，叠东、中、西三山，模仿海上三仙山的胜景。此园当时面积七十余亩，规模宏大，今已不存。而张为潘允端所建之豫园尚有一部分保存完好，现上海豫园内黄石大假山是他存世的唯一作品。陈从周先生评价："假山雄健，复有三绝之胜。"张南阳的特点是叠山见石不露土，运用无数大小不同的黄石，将其组合为浑然一体的假山，磅礴郁结，具有真山水的气势。苏州耦园东部的黄山假山，手法自然逼真，刘敦桢先生说"和明嘉靖年间张南阳所叠上海豫园黄石假山几无差别。可能是清初涉园的遗物，是可贵的历史文物之一"（图105、图 106）。

图 105　上海豫园的黄石假山

图 106　苏州耦园黄石假山西部邃谷

张涟（1587—1671），字南垣，明代后期著名的造园叠山大师，原籍松江府华亭县，明崇祯十年迁居秀洲（嘉兴）。张涟少年学画，好画人像，兼通山水，得倪瓒、黄公望笔法。年轻时以李成、董源、黄公望画意叠石堆山，以诗画笔意造园。他叠造假山最为精致，名声也最大。他提倡浑朴、自然的艺术风格，为其他叠山家所不及。张涟为人肥而短黑，性滑稽；事父母颇孝谨，善与人交，与钱谦益、吴伟业等著名文人都有交游。晚年隐居南湖畔，康熙年间去世。吴伟业、黄宗羲都为之作传，黄宗羲称其移山水画法为石工，与元代刘元的塑人物像同为绝技。

据他的朋友吴伟业（号梅村，明末清初著名诗人，著《张南垣传》，收入《梅村家藏稿》《古文观止》）说：百余年来，从事叠山者，只知斩岩嵌石，以奇、巧取胜。喜好叠山置石的有钱人，从外地费九牛二虎之力，运来一两块奇巧之石，树于庭中，标刻为某峰。在其旁架危梁磴道，洞壁、石罅，游之者会惊骇胆怯，没有赏心悦目、轻松愉快的感觉。而张涟认为，深山大川乃是大自然的造化之功，是人工所造不出的，不如以"平冈小坂、陵阜陂陀"的土山形象，在其上错落有致地点缀一些假山石，再绕以园墙，种以密生竹类，就像墙外奇峰、大山的余脉，起伏奔注，越林穿墙，散此数石在我轩前，为我私有，供我欣赏，我的居处之地，就像在大山之麓。这就是截溪断谷的叠山方法，不费过大的板筑之功，又极自然。至于方塘石洫（石砌的水渠）的水景，其岸边的处理，也宜曲岸回沙为好。园林建筑的设计，不要"鎏闳雕楹"，雕梁画栋，应该"青扉白屋"，以朴雅为美。园中种树，用常绿不凋的松、杉、桧、杂植成林。园中所用的假山石，取比较受看的太湖石、尧峰山黄石，随宜布置，容易产生林泉之美，而无攀登之劳。张涟的这些做法，改变了"高架叠掇为工，不喜见土"的做法，开创了堆叠假山"土山戴石"之法，因形布置，追求质朴、自然的新风，被人誉为"高下起伏，天然第一"。当时松江董其昌、陈继儒都极为称赞"土中戴石"，为懂得黄公望画理的叠山之法。

张涟在30岁以后，逐渐成名。江南诸郡争先恐后地邀请他去堆叠假山，以张涟叠山为荣。张涟叠山，先有规划，通盘考虑，充分构思，成竹在胸。每每动手之前，先对土、石、草、树的性情掌握得一清二楚。他有"相石"的功夫，石料正势侧峰、横支竖理，都必了然于心。掇叠时常高坐一室，一面同客人谈笑风生，一面指挥人工，某树下某石，可置某处，一语定夺，不再更改；某石按所指掇叠，不加斧斤，分毫不差，及至掇成，如天坠地出一般，为人敬服。他曾在友人郁静岩斋前叠石，用荆浩、关全笔意掇一假山，对峙平掇，已过五寻，不做一次转折，忽然在山巅，把数块山石盘互掇叠得势，则全山飞动，苍然不同凡响，其画龙点睛手笔，为他人所不及。

他所建造的园林，以工部主事松江李逢申的横云山庄、提学参议金坛虞大复的豫园、兵部侍郎嘉兴徐必达的汉槎楼、太常少卿太仓王时敏的乐郊园（王氏还有南园、西田等园）、礼部尚书常熟钱谦益的拂水山庄、吏部文选郎嘉兴吴昌时的竹亭别墅、国子典簿嘉兴朱茂时的放鹤洲、监察御史嘉定赵洪范的南园、国子监祭酒太仓吴伟业的梅村、吴县东山席本桢的东园等10多处为最著名（图107）。

图107　嘉兴烟雨楼后原有假山四峰，传为张涟所垒，惜几经战乱，已非原貌

张涟有四子，都继承父业。侄张鉽，字宾式，也得张涟真传，曾叠无锡寄畅园假山。张然为张涟次子，生卒年月无考，约生于明万历末，卒于清康熙中，字铨候，号陶庵，工画，善于写神。供奉内庭历时30余年，总管园林掇山，恩宠有加。清康熙时，建造皇家宫苑畅

春园，"依高为阜，即卑成池，相体势之自然"。又建北京西苑南海瀛台（图 108）、玉泉山静明园等。张然子孙继续在宫廷供职，世代相传，俗称"山石张"。直到建国后，仍操假山业。20 世纪 50 年代木，"山石张"还在北京故宫南三所掇叠假山。

图 108　北京西苑南海瀛台翔鸾阁东延楼（1940）

戈裕良（1764—1830），是清代中叶以后著名的叠山大师（图 109），出生在常州东门外戈家村。他青年时以画谋生，中年后以种树、垒石为业，善做盆景。清钱泳（1759—1844）所著《履园丛话》卷 12《艺能》篇《堆假山》中如是记载：

堆假山者，国初以张南垣为最。康熙中则有石涛和尚，其后则仇好石、董道士、王天于、张国泰皆为妙手。近时有戈裕良者，常州人，其堆法尤胜于诸家。如仪征之朴园、如皋之文园、江宁之五松园、虎丘之一榭园、孙古云书厅前山石，皆其手笔。尝论狮子林石洞皆界以条石，不算名手。余诘之曰：不用条石易于倾颓奈何？戈曰：

只将大、小石钩带联络，如造环桥法，可以千年不坏，要如真山洞壑一般，然后方称能事。余始服其言。至造亭台池馆一切位置装修，亦其所长。

图109　戈裕良像

戈裕良一生的叠山活动，根据现有的资料来看，多在江苏的范围内。虽然地区不太广泛，但是叠山成就却很大。有两幅叠山作品，即苏州的环秀山庄和常熟的燕谷园，尚保存完好，其他还有：苏州一榭园、仪征朴园、如皋文园、江宁五松园、常州西圃、扬州意园小盘谷等，园中假山均由戈裕良掇叠（图110）。

图110　环秀山庄湖石假山峭壁、洞壑及涧谷

吴地历来名匠辈出，是藏龙卧虎之地，民间多有传统建筑营造技艺方面的能工巧匠，精湛技艺，辈有传人，至今，他们中间的技艺传人都是本行业中的技术尖子，独领风骚，如陆氏木匠、薛氏瓦匠、"韩家山""凌家山""朱家山"等都是造园业中的工匠世家和佼佼者。通过一代又一代工匠的智慧和双手，完成了一件又一件堪称艺术精品的古建、园林作品，在海内外享有盛誉，值得我们骄傲和珍惜。

十一谈：从最古专著到现代教科书

苏州历史上，不仅园林数量多，艺术精湛，引起很多文人雅士的极大兴趣，写下大量诗文、游记、园记，散见于各种正史、方志以及小说、笔记中，浩如烟海，还出现了很多造园家，撰写出多部园林专著，形成举世少见的独特文化现象。

苏州园林多由文人和画家参与，他们画水写山，模拟自然，不仅向世人展示了苏州园林的意境美，而且通过实践，掌握了不同程度的造园技艺，从理论上对营造园林进行了高度总结，产生了造园、园艺和建筑专著，对后世造园影响至深，如南宋史正志《菊谱》、范成大《石湖菊谱》《范村梅谱》，明代计成所著《园冶》和文震亨所著《长物志》，清末姚承祖所著《营造法原》。他们在著作中提出的原则、形制、法式、工艺、技艺和审美标准，至今仍具有实际指导作用，被公认为经典。现代著名专家学者陈植在其《园冶注释》（图111、图112）中就精辟地论述道：

我国造园艺术具有悠久的历史和辉煌的成就。从科学立论做出系统阐述的，要以明末吴江计成所撰《园冶》一书为最著。（20世纪初）得到日本造园界人士的推崇，首先援用"造园"为正式科学名称，并尊《园冶》为世界造园学最古名著，诚世界科学史上我国科学成就光荣之一页也。

这种独特的文化现象值得探究。笔者经多年研究发现，形成此种文化现象需要几个必备条件：一是要具有历史文化的环境和社会氛围；二是要具有大量可供实践和研究的实例；三是作者自身要具有深厚的文化功底；四是作者自身要具有丰富的实践经验。"四要素"缺一不可，否则都不可能成为经典之著。可以说苏州独占鳌头，是天时地利人和的结晶。

图 111　陈植（摘自《中国风景园林名家》）

图 112　陈植著《园冶注释》中国建筑工业出版社 1981 年版

　　《园冶》的作者计成，字启美，字无否，号否道人，原籍吴江松陵同里镇人，明末画家，生于明代万历十年（1582），卒年不详（图113、图114）。江南水乡古镇同里，是一个历史悠久、又几乎与世隔

图 113　计成画像

绝的富庶之地。宋元年间已是"民丰物阜，商贩骈集，百工之事咸兴，园池亭榭，声技歌舞，冠绝一时"。到了明代，更有"居民千余家，屋宇丛密，街道逶迤，市场沸腾"的繁华景象。又因独特的地理环境，四周环水，与外界只通舟楫，很少遭受兵燹之虞，因而成了隐居的理想之地，寓居者有富绅阔商、名流雅士，为这座古镇增添了绚丽的文化光彩。

图 114　明版国图残本《园冶·兴造论》书影（现藏于北京国家图书馆，存上卷，缺中、下卷）

图 115 《园冶》日本宽政七年（1795）写本书影（现藏于日本东京国立公文书馆）

在同里镇的文化光环中，有两样东西是值得研究的，一是园林，二是书画，它们对计成的成长有着直接的影响。清嘉庆《同里志》记载，宋元以来，尤其是明清两代，同里外出做官者日益增多，这些人虽置身朝廷心里却留恋着故乡，一旦卸去官职后便回归故里，营造一块宅园。数百年间园池亭榭日盛，大小园林数十处，成为同里的一大特色。同里自古便有兴学之风，出过许多著名的饱学之士，如南宋诗人叶茵、明《永乐大典》副总编梁时、明南京国子监学正莫旦等名流，为古镇赢得了一片赞誉。丰厚的文化氛围，使古镇成为文人雅士云集之处，吴门画派的重要人物倪云林、文徵明等人都在此活动或居住过。书画名家的艺术活动，给这座古镇增添了绚丽的色彩。计成身临其境，神感心受，培养了良好的学识、素养和志趣。正如他在《园冶·自序》中所说："少以绘名，性好搜奇，最喜关仝、荆浩笔意，每宗之。"计成又善诗文，中年又游历燕楚，阅识才气大增，为他日后的造园和写作活动打下了坚实的基础。

因此，计成的造园著作虽然距离我们已经 370 多年了，但是，书中惟妙惟肖的园林景观仿佛就在眼前，一点也不奇怪，因为他写入著作中的"景观"，在苏州园林中几乎都可以找到实证，有前人的经验，有当时的案例，也有自己的体会。

另一部园艺专著《长物志》，其作者文震亨（1585—1645），字启美, 江苏苏州人, 明末画家。"明四家"代表人物文徵明的曾孙, 自幼受家庭的熏陶, 并深得家传, 书画皆精, 又博学多艺, 以"翰墨风流, 奔走天下"而闻名（图116）。文震亨先辈雅好林泉, 都曾营造园林, 曾祖徵明、叔父嘉均将停云馆屡加扩建; 伯父文肇祉在虎丘南诛茅结庐, 凿地汲泉, 因池成而现塔影, 名之"塔影园"; 父文元发有衡山草堂、兰雪斋、云驭阁、桐花院; 兄文震孟有一代名园"药圃"（即今日之艺圃——世界文化遗产）, 成为当时文士最喜欢去的地方, 据说文震亨曾参与艺圃的设计, 文震亨本人在造园上也有很高的造诣, 他曾在冯氏废园基础上改建一座园林, 名为"香草垞"; 还曾于苏州西郊建碧浪园, 在郊外水边林下经营竹篱茅舍。可见他的造园活动是很丰富的。文震亨性旷达, 好交友, 许多朋友都有私家园林, 是他造园理论的间接经验。由此可见,《长物志》不仅论述了造园的各个门类的技术问题, 还表述了他独具匠心的造园美学思想, 是他平生造园实践总结和理论学说之精华（图117）。

图116　文震亨像（沧浪亭五百名贤祠石刻）

图 117　陈植著《长物志校注》（江苏科技出版社 1984 年版）

中国园林发展到顶峰时，遇到了国运衰败，众多园林艺术精品或被人为毁损，或被充作他用，或被遗弃荒废，其状犹如一国之缩影，令人扼腕不已。在近现代国难当头、山河破碎之际，有多少仁人志士采取各种不同的方式走上了救亡道路，其中就有这样一个人，为园林艺术的生存而奔走于大江南北，这就是我们必须记住的"童寯"和他的专著《江南园林志》。

童寯，1900 年生，满族人，1925 年毕业于清华大学，公费留美，入宾夕法尼亚大学建筑系，1927 年获得学士学位，次年获得硕士学位，在费城及纽约事务所实习，又往欧洲考察，足迹遍及英、法、德、瑞士、荷兰、奥地利、捷克等。归国后，先在东北大学建筑系任教，后在上海创建"华盖建筑事务所"，从事建筑创作活动，1944 年后执教于"国立中央大学"建筑系（现东南大学建筑系），此后一直在东南大学教授建筑。

童寯才华横溢，学贯中西，通古识今，是一位遍览群书、知识渊博的学者。他对建筑历史、建筑理论、建筑设计、园林艺术以及绘画，无不卓有成就（图 118、图 119）。身为建筑师，他又娴六法、好吟咏，对音乐也有特别的爱好，可谓文理兼通。出于对历史和传统

图 118　童寯与夫人、儿子在园林中

文化的热爱，面对苟延残喘的旧中国，特别是看到各地名园破败不堪，众芳芜秽，如美人迟暮，心中不胜哀叹！在"目睹旧迹凋零，与乎富商巨贾恣意兴作，虑传统艺术行有澌灭之虞"，于是发愤，虽值国家动乱之时，他依然于 1932 年起，克服各种困难，以徒步的方式，一人孤行，遍游江南，对园林进行实地测绘、摄影，以科学的方法收集大量第一手文献资料，孜孜不倦，潜心研究。1932 年至 1937 年，五年中的每个星期日，他寻走在江苏、浙江两省 27 个县市中，勘查研究 109 处私家园林，于 1937 年写成《江南园林志》一书（中国营造学社刊行）。后因突发卢沟桥事变，学社仓促南迁，出书中停。直到 1963 年，童寯已 62 岁时，《江南园林志》才由中国建筑工业出版社正式出版。这部前后逾 30 年才出版的著作，填补了我国园林历史文化的空白，为后来的研究和取得世界声誉起到了引领作用，具有承前启后之功绩。梁思成评价其为"以一人之力创造了一门学问"。

图 119　童寯《江南园林志》（中国建筑工业出版社 1963 年版）

刘敦桢，与童寯同时代的另一位中国
建筑家，当年在建筑界有"北梁南刘"之
称，即北京的梁思成，南京的刘敦桢（图
120）。刘敦桢，湖南新宁县人，1897年生，
1913年留学日本，1921年毕业于东京高等
工业学校建筑科，1922年回国后，在上海
华海建筑师事务所工作。作为对中国传统
建筑文化有深厚造诣的学者，他是中国建
筑教育的开拓者之一。1929年，中国营造
学社成立，刘敦桢与中国建筑大师梁思成

图120　刘敦桢

在其中共同担任重要角色，他们共同合作，调查各地古建筑，结合文
献分析研究，奠定了中国建筑史这门学科的基础。1944年起，他在中
央大学先后任建筑系主任、工学院院长。1949年先后任南京大学建筑
系教授、南京工学院建筑系主任。1953年创办中国建筑研究室，广泛
调查民居和南方古建筑，主编《中国古代建筑史》，为中国古典建筑
的研究作出了杰出贡献。

刘敦桢也是一位学贯中西、文理兼通的学者，有着深厚的传统文
化功底和情结，因此，他把深入调查苏州园林作为一项重要工作。虽
然当时新中国刚刚成立，百业待兴，条件十分艰苦，但他还是带领助
手和学生，深入苏州古城每一个角落对古典园林进行调查。经过多年
艰苦细致的工作，在全面调查的基础上，又选择保存较好、艺术价值
较高的十余座著名园林，进行精密的测绘，拍摄了大量照片。1959
年，在他的主持下写成《苏州古典园林》一书的初稿，由于其学术上
的开创价值，一时引起国内学术界的重视。正当书稿修改定稿准备出
版时，遇上了"文化大革命"，部分图片资料流失，刘敦桢也于1968
年由于遭受迫害而病逝。"文化大革命"结束后，南京工学院建筑历
史教研组重新对刘敦桢的遗稿进行整理，于1978年由中国建筑工业
出版社出版（图121）。此书于1979年获得全国科学大会奖，1982年
被评为全国优秀科技图书奖，被国内外学术界公认为是研究中国古典
园林的经典著作，在国内外学术界引起了极大的反响，并引发了国内

建筑界研究园林的风潮，使传统园林的研究逐步普及并推向深入，促进一些历史文化名城的保护工作，及时挽救了一批濒临毁灭的古典园林，同时也引起国际学术界对东方园林的兴趣和研究。刘敦桢的《苏州古典园林》已成为后来学者、学生研读古典园林、古建筑的必修教科书，至今无人望其项背！

图 121　刘敦桢著《苏州古典园林》中国建筑工业出版社 1978 年版

陈从周（1918—2000），原名郁文，晚年别号梓室，自称梓翁，原籍浙江绍兴，生于杭州，当代著名古建筑园林学家，同济大学教授、博导。他才华横溢，具有诗人、画家的感情和气质，又有中国文人所特有的幽默诙谐，为人极善。1942 年从之江大学国文系毕业，获文学学士学位，先后于杭州多所中学任国文教员，并师从张大千学画；（图 122、图 123），1948 年在上海举办首次个人画展，其花鸟画作有"一丝柳一寸柔情"的美誉，蜚声沪上。受圣约翰中学聘为国文教员兼总务主任。与建筑系主任黄作燊结识，以对建筑学的探索，令黄惊诧，深为赞赏，即受聘为圣约翰大学教员，讲授"中国建筑史"。后由陈植先生推荐聘为之江大学副教授。1952 年调整到上海同济大学建筑系，又受苏州美专之请来苏兼课，主讲"中国美术史"。在苏州授课之余，他对苏州古建筑、私家园林和民居建筑进行考察，写出了首篇古建筑论文"杨湾庙轩辕宫的考察研究"。1956 年编著《苏州园林》，1958 年参与编著《上海近代建筑史稿》，1963 年著《扬州园林》。"文化大革命"中虽然受到不公正的对待，但仍能热情地参与多处古建筑修复工程。1977 年冬在上海接待美国纽约大都会艺术博物馆顾问访问，被问及如何陈列展示中国明式书画和家具时，他回答应配置明式建筑。这一回答最终造就了中国园林出口的先例。由于他的推荐，产生了以网师园殿春簃为蓝本的"明轩工程"，1980 年第一个中国园林出口工程"明轩"，远涉重洋来到美国，建造在纽约大都会艺术博物馆二楼，苏州园林、中国园林自此走向世界。

图 122　陈从周像

图 123　陈从周与张大千

　　陈从周著作甚丰，先后有《中国民居》《绍兴石桥》《中国厅堂（江南篇）》《园林谈丛》《中国名园》《书带集》《春苔集》《帘青集》《山湖处处》《世缘集》《随宜集》《梓室余墨》等。而影响最为深远的属《说园》，该文最早发表于《同济大学学报名（建筑版）》1978 年第 2 期，以后又陆续发表二说、三说，直至五说，犹感其意未尽。该书是陈从周积几十年的研究心得以及对当时不重视园林风景名胜的普遍社会现象的总结和呼吁，提出"还我山河""还我自然""先绿后园""绿文化""文化旅游"等主张，其先声至今震耳。1985 年同济大学将五篇文章综合整理，请书法家蒋启霆楷体誊录，由同济大学出版社影印出版，题书名为《说园》（图 124）。《说园》问世之后，受到国内外一致好评，日本有 6 家出版社同时翻译出版。该书以后又被译成英文、法文、意大利文、西班牙文等多种文字出版，影响所及遍于世界各国。陈从周的《说园》以及"诗情画意说""园林意境说""静观和动观说"等一系列理论和著作，形成了系统的园林理论体系，是中国园林历史文化理论体系和教育体系的开创者和奠基人。

　　古往今来，苏州园林影响波及海内外，引起不少国际学者的关注和研究，如英国著名科学家李约瑟博士的《中国科技史》，1954 年出版，对中国古典园林作了精辟的论述；德国著名园艺家玛丽安娜·鲍

榭蒂的《中国园林》，是 20 世纪末一本重要的著作；捷克著名园艺家
V.und Z.Hrdlicka 的《中国古典园林艺术》一书在东欧国家颇有影响。
此外，美国、英国、法国、日本、韩国、新加坡等国都有这方面专著
问世。（图 125）这些海外著作均有大量篇幅涉及苏州园林，是苏州园
林学术研究的重要资料。

图 124　陈从周著《说园》同济大学出版社 1984 年版

图 125　捷克德文版《中国古典园林艺术》

园林这一曾经是帝王和官僚、富商、士人玩赏的风雅之地，通过古今学者的不断提炼，终于走进了科学的殿堂，并成为广大民众共享的人间天堂，全人类的宝贵财富。苏州也因而成为中国园林营造艺术理论研究不可或缺的重要研究和教学基地。除了上述经典著作外，建国70多年来，还出版了为数众多的理论著作，或专门论述苏州园林，或以苏州园林为典型例证，著名的如彭一刚《中国古典园林分析》（1986），周维权《中国古典园林史》（1990），汪菊渊《中国古代园林史》（2006），杨鸿勋《江南园林论》（1994）（图126），曹林娣《苏州园林匾额楹联鉴赏》（1991）（图127）、《江南园林史论》（2015），金学智《中国园林美学》（2000）（图128）《园冶多维探析》等三部曲（2013—2019），衣学领《苏州园林艺文集丛》6本（2020）……不胜枚举。苏州园林作为中国园林理论体系最重要的组成部分，已成为一门热学。苏州园林既有理论，又有实物范本，是当代学者和学生研究、考察和学习的最佳场所，必修之地。借用陈从周先生的一句话"研究叠石不看环秀山庄等于读唐诗而不读李杜"，演化为"研究园林而不到苏州园林，犹如读唐诗而不读李杜，乃未取真经也"。

图126 杨鸿勋著《江南园林论》上海人民出版社1996年版

图 127　曹林娣著《苏州园林匾额楹联鉴赏》华夏出版社 2011 年版

图 128　金学智著《中国园林美学》江苏文艺出版社 1990 年版

十二谈：苏州园林的世界价值

苏州古典园林成为世界遗产之后，给我们带来的最大收获之一，就是打开了眼望世界的窗口，练就了观察世界的眼光。

首先，从世界遗产标准来看苏州园林的价值取向

这个话题我觉得很重要，因为苏州园林列入世界遗产已经 20 多年了。苏州园林的世界遗产价值到底是什么呢？可能很多人还不是非常清楚，即使专业人员也不一定都很了解，比如在列入世界文化遗产之前，我们也对这个问题存在种种模糊认识。人们一提到苏州，总是首先会说"苏州园林真美"，但苏州园林美在哪里？价值体现在哪里？我们发现，对苏州园林的认识可谓一波三折。

20 世纪 30 年代，就有一批海外归来的学者开始孜孜不倦地研究苏州园林，譬如说刘敦桢、童寯，这两位大师，当代很多年轻人都不知道。当年，刘敦桢、童寯从国外留学回来以后，一边做实业、办教育，一边做学问，在建筑业中注意到了苏州园林。他们发现，苏州园林作为私家宅园，不单单是叠山理水、栽植花木，供私家享乐，而且具有很高的历史、文化价值。他们开始把它提升到一个非常重要的文化遗产高度来研究了。从 50 年代起，刘敦桢先生用了 20 年时间写了

一本专著——《苏州古典园林》，一直到"文化大革命"结束后才得以出版。在这本专著的前言里有这样一句话："苏州园林是我国珍贵的文化遗产。"如今我们讲世界文化遗产已经耳熟能详，成为一个专用名词，而早期的一批专家学者已经用这个历史大概念对苏州园林进行了全面研究，并取得丰硕成果。但由于"文化大革命"文化断层，很长一段时间，很多人把苏州园林当作游乐或一般美的参照物来看待，研究学者也还在理论认知领域徘徊。一直到90年代，我们才逐步开始用国际的标准来思考苏州园林的价值取向，开始逐步深入研究它的历史、文化、艺术、科学、生态价值。

其中有一段特别值得深思的故事。

1994年，我们在撰写苏州园林申报世界遗产文本时，对照教科文组织的"世界文化遗产6条标准"，经过严谨、反复的论证，我们当时认为苏州园林符合3条国际标准，即：

标准一：代表一种独特的艺术成就，一种创造性的天才杰作。

标准二：在一定时期内或世界某一文化区域内，对建筑艺术、纪念物艺术、城镇规划或景观设计或人类居住区方面的发展产生极大影响；

标准三：构成某一传统风格的建筑物、建造方式或作为传统人类居住地或使用地的杰出范例，代表一种（或几种）文化，尤其在不可逆转之变化的影响下变得易于损坏。

令人意外的是，1997年12月4日，联合同教科文组织第21届世界遗产大会上正式审议时（图129～图133），会上一致认为苏州园林不仅符合这3条标准，而且还符合另外两条标准，在通过苏州古典园林列入《世界遗产名录》并向世界公布时，增加了这两条，即：

标准一：反映一项独有或现存特别稀有或已消失的文化传统或文明。

标准二：作为一种建筑或建筑群或景观的杰出范例，展示出人类历史上一个或几个重要阶段。

以上这两条标准作为新标准的标准二、标准三，原标准三变为新标准的标准五。

也就是说苏州古典园林符合 5 条国际标准。大家都知道，只要符合"6 条标准"中的一条标准就能列入《世界遗产名录》。这给我们非常大的震动！因为用国际标准来衡量苏州园林的时候，我们的认识还是有差距的，深层次的问题就是，在文化遗产保护上，我们最大的差距是国际理念、国际视角、国际规则，很显然，我们当时还处在"围墙"观念中，站在园林的"井圈"上看问题。至今，再来看这 5 条标准，依然会让我们眼界大开，启发良多。

概括起来，标准一衡量出苏州古典园林在世界造园体系中独特的艺术价值。标准二验证了苏州古典园林深厚久远的历史价值。标准三归纳出苏州古典园林丰富多彩的传统文化价值。标准四确立了苏州古典园林是人类最美居住地范例的价值。标准五提炼出苏州古典园林营造技艺和理论范本价值。这 5 条具体论证，也进一步说明苏州古典园林具有多重价值，不仅反映了过去的历史文化艺术，而且能直接为现代物质生活和精神修养服务，"活化"价值特别大。因此，我们亟须深刻认识到，苏州古典园林成为世界遗产，它的意义远远大于一纸国际证书带来的物质成果，苏州园林悠久的历史（历史价值）、灿烂的文化（文化价值）、独特的艺术（艺术价值）、诗意的栖居（环境价值）、经典的理论（理论价值），最具东方韵味，许多深层次课题还有待于不断挖掘、不断研究、不断创新。

图 129 位于巴黎古城塞纳河岸的联合国教科文组织总部

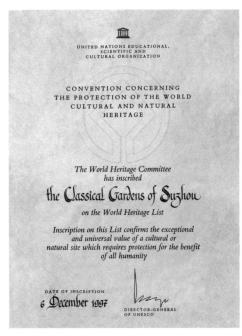

图 130　苏州古典园林列入《世界遗产名录》证书（1997）

图 131　苏州古典园林列入《世界遗产名录》证书（2000 年）

图 132　1997 年 4 月，联合国教科文组织世界遗产专家哈利姆对苏州古典园林提名世界遗产项目进行评估考察

图 133　2000 年 1 月，联合国教科文组织世界遗产委员会委派专家浅川滋男先生对 5 处苏州园林进行实地考察评估

　　2014 年，美国《新闻周刊》曾搞过一个 21 世纪 12 大国文化形象符号评选，根据美国、加拿大、英国等国家的网民投票，评选出进入 21 世纪以来世界最具影响力的 12 大文化国家以及这 12 个国家文化的 20 大形象符号。美国文化居第一位，中国文化居第二位。其中：

　　美国：华尔街、百老汇、好莱坞、麦当劳、NBA、可口可乐、希尔顿、万宝路、迪斯尼、硅谷、哈佛大学、感恩节、超人、自由女神像、芭比娃娃、白宫、橄榄球、爵士乐、星巴克、沃尔玛等。

中国：孔子、汉语、故宫、长城、苏州园林、道教、孙子兵法、兵马俑、莫高窟、唐帝国、丝绸、瓷器、京剧、少林寺、功夫、西游记、天坛、针灸、中国烹饪等。

"苏州园林"列入其中，印证了它的"中国文化符号"和世界价值。这种文化符号，具有巨大作用，可以影响一代人甚至几代人。

再举一个例子，2017 年，中央电视台评选"中国好书"，这个被誉为我国出版界的奥斯卡奖，地位是非常高的。其中有一本好书名为《中国古代科技发明与创造》。这本书公布了 88 项中国古代科技发明和创造，分成三大类，一是科学发明与创造，二是技术发明，三是工程成就。在"工程成就"里面一共列出 13 项：

曾侯乙编钟，都江堰，长城，灵渠，秦陵铜车马，安济桥（敞肩式石拱桥），大运河，布达拉宫，苏州园林，沧州铁狮，应县木塔，紫禁城，郑和航海。

其中就有"苏州园林"一项。从这本"好书"中，可以看出现代人对苏州园林的认识程度已经非常高，这里面的价值认同也值得深思（图 134～图 140）。

图 134 都江堰

图 135　长城

图 136　秦始皇陵铜车马

图 137　中国大运河重要节点——苏州古盘门，现存唯一水陆并行城门（苏州日报社提供）

图 138　西藏布达拉宫

图 139　苏州园林：艺圃·浴鸥

图 140　北京故宫

其次，从国际学术研究来看苏州园林的世界影响

这个问题大家可能没有很好地研究过，所以我想和大家分享一下个人的一点体会。

数百年来，苏州的造园和建筑工匠辈有传人。有文化的雅士，有工匠、建筑师、园艺师，比如明代计成的《园冶》、文震亨《长物志》等。在现代理论上，具有全国，乃至世界影响力的著作也很多，如刘敦桢的《中国古代建筑史》《苏州古典园林》，这两本巨著，《苏州古典园林》一出版就被评为"中国科技进步奖"，是当时非常高的一个奖项，一本专著获此殊荣，至今依然凤毛麟角，而且这部经典专著自问世至今始终是全国园林专业人员的必读课本。还有童寯教授的《江南园林史》，陈从周教授的《说园》，杨鸿勋教授的《江南园林论》，金学智教授的《中国园林美学》，曹林娣教授的《中国园林艺术论》等等，都是大家比较熟悉的当代名著。

我主要是想讲一些国外的学术研究情况。近十几年在国际园林学术界出现了"中国园林热"，很多重要学者以中国园林、苏州园林为对象开展研究，如，柯律格，他是英国伦敦大学艺术史的教授，他在研究中国艺术史过程中发现了一个新的切入点，这个切入点就是园林。这与中国当代园林学者有着异曲同工之妙（如陈从周、杨鸿勋、金学智、曹林娣等），柯律格的大部分著作都是以园林为切入点来进行挖掘的，通过园林来研究中国文化。而且在他的整个研究中，苏州园林占有大量的篇幅，而且有好几部著作都是专门研究苏州园林的。比如《中国明代的园林文化》《长物：早期现代中国的物质文化与社会现状》等都是专门研究苏州园林的。还有如《山水之境：中国文化中的风景园林》《丰饶之地：中国明代的园林文化》《园之萃——中国明代园林文化研究》《明代的图像与视觉性》《雅债：文徵明的社交性艺术》《中国艺术》《中国画及其观众》等，可谓著作等身。一个英国的艺术史教授如此深入地研究中国园林，这个现象值得我们深思。

另一部西方学者研究园林的优秀著作是《作为美术的园林艺术：

从古代到现代》，作者考威尔（英），以宏观的视野，在整个世界文明的坐标系中，描绘出各个时期园林的群像，深入发掘了风格与审美背后的观念维度，剖析了当时的社会政治、经济、哲学、美学、宗教信仰、技术等多重背景，使我们深入地了解到设计背后的真正意义，是园林（景观）设计方面的经典文献。

英国著名艺术史家休·昂纳与约翰·弗莱明合著的《世界艺术史》，被国际学术界认为是阐述最为完整的艺术史通史。昂纳的著作《中国风：遗失在西方800年的中国元素》，通过欧洲现存的丝绸、瓷器、绘画、家具、园林、建筑等具有中国元素的实物，梳理了西方文化领域中国风的兴起、兴盛及其衰落、流变的漫长而复杂的历史，为"打捞"中国文化在西方的传播提供了独特的视角。

柯律格、考威尔、昂纳这些现代西方学者，他们在研究文化艺术史时，都有一个共同的发现，即中国园林艺术是一个重要的门类，不仅涵盖了中国书画，而且包含了中国文化的方方面面，其中苏州园林占有首要位置。所以我们经常讲的苏州园林也好，中国园林也好，有时候很可能会转换的。这中间的概念可以用两句话来连接："中国园林是世界造园之母，苏州园林是中国园林的典型代表。"就是说中国园林中的大量艺术精华是用苏州园林作为典型代表来介绍的，也可以说是从一个大概念来说苏州园林的。

这个观念非常重要。从国外的研究思考中，我们看到他们在思考什么问题，这些国外学者在表象的风格和审美里面，去挖掘一种观念的变化。通过园林这个对象和表象，对社会的经济、政治、哲学、美学、宗教、信仰、技术等进行深入分析研究，进而得出中国文化艺术深层次的问题。柯律格说："中国的所有艺术都值得研究。辉煌灿烂的中国艺术，从中国的书法、瓷器、造像、建筑、园林，乃至物质文明中的点点滴滴，都让人为之颤抖、为之神迷。"这非常有启发性。

还有一件事情就是1977年，美国成为现代西方打破中西方交流沉默局面的重要国家。美国纽约大都会艺术博物馆要建立一个展厅，陈列中国明代家具和文物。博物馆派出专家到中国大江南北考察。这里面有一个比较复杂的过程，宣传的比较多，就不讲了。重点讲一下美国人是怎么找到一个合适的蓝本的。这座博物馆最初是由美国一些专家承担设计任务的。在设计过程中，他们就发现不管怎么设计都不符合中国古典家具的韵味。家具放在这个厅堂里没有韵味，就感觉不到这套精美家具的价值。他们意识到要陈列中国家具必须要到中国去寻找一个场景。于是他们派人到中国去寻找。先是通过贝聿铭认识了陈从周先生，陈先生建议他们建一个古典厅堂。然后他们跑了中国很多地方，包括北京、西安、扬州、杭州、苏州。最后他们在苏州找到了厅堂蓝本，就是我们现在知道的网师园殿春簃——在纽约大都会艺术博物馆叫"明轩"。当时在网师园殿春簃前，美方设计者非常惊叹，非常坦率地说："我搞舞美可以，搞中国园林艺术是外行，让苏州来做一个设计蓝本是最好的选择。"由此，经过两年多的努力，1980年，苏州园林终于落户美国纽约，打开了中西方文化交流的大门，架起了中国文化和世界文化交流的桥梁。几十年来，苏州园林出口世界各地，已达50多座。园林出口早已超出了狭小的园墙，成为不同民族、不同文化、不同宗教融合的和平文化使者。

中国园林涵盖了历史、社会、经济、文化、文学、艺术、宗教、民俗等各个方面，是一座民族的综合博物馆。正如柯律格所说的一句话："中国历史具有世界意义，我希望把中国历史变成整个世界历史的话题之一，让世界更多的人来关注中国。"中国改革开放40多年来，中西方文化碰撞，逐渐出现"中国文化热"，内容很多，如"孔子热""老子热""诵经热""书法热""中医热""园林热"，都体现了中国传统文化的复兴，体现了五千年华夏文明的世界价值，"中国热"方兴未艾。

最后，用联合国教科文组织对苏州古典园林列入《世界遗产名录》时的评语来结束十二谈：

没有哪些园林比历史名城苏州的园林更能体现出中国古典园林设计的理想品质，咫尺之内再造乾坤，苏州园林被公认为实现这一设计思想的典范。这些建造于11—19世纪的园林，以其精雕细刻的设计，折射出中国文化中取法自然而又超越自然的深邃意境。

这短短六句话中有三个关键词，即"品质""典范""意境"，含意之深，亟待我们去琢磨、去领会。

苏州园林，充满东方智慧结晶，是蕴涵着人类环境文明、生存智慧和文化艺术修养的典范——值得我们从中汲取无穷的智慧和养料，去丰富我们的物质生活和精神生活。

后　记

　　这本小书是缘于两位"詹总"。一是七八年前,《姑苏晚报》总编辑詹刚先生所约而作的报纸连载,每月一篇,共十二篇,定名为"园林十二谈"。缘由是那几年我负责总纂的《苏州园林风景和绿化志丛书》(21卷、17册)正在陆续完工并出版,在与詹总聊天时,他认为:"园林专业研究固然重要,但如何把优秀的传统文化用通俗易懂的方式传递给广大民众,普及工作也一样重要。"于是在他的鼓励和支持下,我梳理了自己的思路,搞了一个提纲,一边写,一边在晚报上刊登。没想到刊登两三篇之后,社会反响颇佳,还接到热心读者的电话,与我互动、交流有关问题,真的让我很受鼓舞,我们专业工作者以为老生常谈的事,在公众那里却是新鲜话题。

　　另一位"詹总"是原苏州市园林管理局总工詹永伟先生,2020年10月的一天,詹总给我打电话,说是中国建材工业出版社有一个《筑苑》丛书的编辑要来苏州约谈出版苏州园林图书事宜。没几天,时苏虹编辑就在詹总的陪同下如约而至。在交谈出版什么样的书稿时,詹总很肯定地对我说:"你前几年在晚报上的连载文章是很好的科普读物,我都收藏了!可以扩展出版。"詹总可是苏州园林的泰斗级人物,他的这番话真让我受宠若惊!也让我心血有点"膨胀"——写作积极性就这样又被调动起来了!

　　从报纸连载,到这次结集出版前的反复修改、增补和充实,其间的时间跨度犹如一次新的历练,越是深耕,越是意犹未尽,越是耕耘不辍。特别是最近几年,我陆续做了一些园林文化研究和科普方面的工作,比如参加《中国大百科全书·园林卷》和《苏州园林史》的编写，策划和编著《苏州园林艺文集丛》，参与《苏园六纪》二十周年研讨，以及参加各类园林培训和讲座，与各路专家学者、园林爱好者、读者、游者、同仁交流，在倾听、碰撞、沟通中，获得新知，触动灵感，又去探索新的未知。正如中国著名电视艺术片编导、《苏园六纪》总编导和撰稿人刘郎先生所说："苏州园林是中国传统文化的宝库，取之不尽，用之不竭，又令人神往。"正是如此，一旦进入，你将为它终生神迷。

这十二谈，除了是我三十多年积累的园林研究资料和成果、经验外，还有我近十几年的读书思考和见解，思考的核心源于世界遗产。自从 1997 年苏州古典园林被列入世界遗产名录后，我就开始用国际眼光、视角、理念来思考苏州园林何为人类文明的瑰宝？它的普世价值和永恒价值在哪里？虽然这种宏大主题不是本书要说的内容，但我仍然痴意在"闲谈"中能给读者某种启发或者提示，故在结尾时引用了联合国教科文组织对苏州古典园林的评语，虽不做赘述，意尽在其中了。

书是要给人读的，故我当然希望这本小书能尽快与读者见面。我习以挑灯伏案，夜阑人静，凝神写作，乃人生快事。辛丑之春，桃花开时，书稿终于在时苏虹编辑给定的时间里完成了。交稿后的愉悦，真是如释重负。当然，我更希望读者诸君也能在轻松的心境下读一读这本小书，去领略一番中国园林、苏州园林的博大精深和她的优雅身姿。

如果这本小书能成为你人生闲适时一朵小花，我就心满意足了！

作者于苏州蠡溪"听雨楼"

2021 年 3 月 18 日改毕

参考文献

[1]童寯.造园史纲 [M].北京：中国建筑工业出版社,1983.

[2]童寯.江南园林志 [M].北京：中国建筑工业出版社,1984.

[3]冈大路.中国宫苑园林史考 [M].常瀛生,译.北京：农业出版社1988.

[4]杨鸿勋.江南园林论 [M].上海：人民出版社,1994.

[5]玛丽安娜·鲍榭蒂.中国园林 [M].闻晓萌,等译.北京：中国建筑工业出版社,1996.

[6]周维权.中国古典园林史 [M].北京：清华大学出版社,1999.

[7]金学智.中国园林美学 [M].北京：中国建筑工业出版社,2000.

[8]周苏宁.园趣 [M].上海：学林出版社,2005.

[9]李浩.唐代园林别业考录 [M].上海古籍出版社,2005.

[10]刘敦桢.苏州古典园林 [M].北京：中国建筑工业出版社,2005.

[11]居阅时.庭院深处——苏州园林的文化涵义 [M].北京：生活·读书·新知三联书店,2006.

[12]陈植.中国造园史 [M]北京：中国建筑工业出版社,2006.

[13]刘海燕.中外造园艺术 [M]北京：中国建筑工业出版社,2009.

[14]陈奇相.西方园林艺术 [M]北京：百花文艺出版社,2010.

[15]Tom Turner.世界园林史 [M].林箐,等译.上海：中国林业出版社,2011.

[16]陈从周.苏州园林 [M].上海：人民出版社,2012.

[17]Rory Suart.世界园林文化与传统 [M].周娟,译.北京：电子工业出版社,2013.

[18]衣学领.苏州园林风景志（上下）[M]上海：文汇出版社,2014.

杭州市园林绿化股份有限公司
Hangzhou Landscaping Incorporated

美丽中国生态建设系统服务供应商

杭州市园林绿化股份有限公司（股票简称"园林股份"；股票代码为605303）创建于1992年，作为美丽中国生态建设系统服务供应商，重点布局规划设计、生态建设、农业开发、旅游发展等业务板块，拥有浙江园林资源与环境技术研究院、杭州易大景观设计有限公司、杭州画境种业有限公司等子公司，形成了集投资、规划、设计、研发、建设及运营为一体的全产业链服务运营商。

公司是工程总承包试点企业，拥有国家城市园林绿化一级、市政工程施工总承包一级、风景园林设计甲级、环境污染防治工程专项设计甲级、环境污染治理工程总承包甲级、城乡立体绿化一级、古建筑工程专业承包等十余项资质。

公司承建的工程遍及全国，先后获得"国家优质工程鲁班奖"（共三届次）"中国水利优质工程'大禹奖'""中国优秀园林绿化工程大金奖、金奖""浙江省优质建设工程'钱江杯'""安徽省优质建设工程'黄山杯'""江苏省优质工程'扬子杯'"等多项国家及省市级奖项。

2016年，园林股份积极服务G20，成为杭州城市整体环境布置方案设计者，承建了G20主会场迎宾入口景观、G20西湖亮化工程、西湖国宾馆、西湖山庄、杭州新塘路等一批重点项目。2019年，公司再接重任，承担了北京世界园艺博览会浙江园项目的深化设计、施工及运营工作，打造出一幅新时代、现实版的"富春山居图"，塑造了"浙派园林"新典范，获得世园会组委会及中外游客的高度评价。

作为国家高新技术企业和国家林业重点龙头企业，公司拥有浙江园林资源与环境技术研究院、绣球花国家产业创新联盟和木犀属植物品种国际登录中心杭州工作站等多个平台。工程技术研发、园林资源开发、生态修复治理等领域多项关键技术国内领先，荣获"梁希林业科技技术二等奖""浙江省科技兴林奖一等奖""浙江省科技进步奖二等奖""杭州市科技进步奖一等奖"等众多殊荣。

随着公司在生态环保领域的不断发力，园林股份确立了"一核两翼"的发展战略，以生态建设为核心的城市基础投资建设运营商为核，整合体育文化和旅游产业、发展以家庭园艺为平台的大农业，打通产业链的上下游环节，形成了集投资、规划、设计、研发、建设及运营为一体的全产业链服务运营商。

第十届中国花卉博览会浙江室外展园

浙江省镜江营溪湿地　　　　杭州萧山国际机场环境提升

规划设计

安吉浒溪生态治理项目

生态建设

余杭径山美丽乡村建设项目

乡村振兴

杭州画境种业有限公司

农业开发

地址：杭州市凯旋路226号（浙江省林业局6-8F）

电话：0571-86095666　86020323（证券办）

网址：www.hzyllh.com

官方微信公众号

朗迪景观建造（深圳）有限公司

　　朗迪景观建造（深圳）有限公司成立于2004年，注册资金(港币)2600万元。2015年获得城市园林绿化企业壹级资质，一直保持着CQC的质量管理体系、环境管理体系及职业健康安全管理体系认证。现为中国风景园林学会会员单位、中国中小企业3A级诚信企业、广东省风景园林协会理事单位、深圳市风景园林协会会员单位、广东省园林绿化4A级信用企业、广东省守合同重信用单位。公司集施工、设计、生产、经营于一体，具有独立法人资格，自有800余亩的苗木培育基地；是一家从事园林景观绿化设计（管理咨询）、施工、养护及苗木培育的现代企业。

　　多年来公司被广东省及深圳市评为优秀园林绿化企业，所承建管理的多个项目获中国风景园林学会的科技进步奖、中国建材出版社的精品工程奖、广东省风景园林协会的优良样板工程奖、深圳市风景园的优良样板工程奖，以及客户颁发的各种荣誉奖。

　　公司一贯奉行 "客户第一、服务至上"的经营战略，坚持共赢、共享的经营理念，凭借坚实的技术基础，雄厚的综合实力和国内的丰富资源，业务由广州深圳扩展到上海、宁波、北京、大连等地，先后承建了华为、新世界等知名企业的高品质园林工程，并一直为这些知名企业提供服务。

朗迪景观建造（深圳）有限公司坚持可持续发展策略，重视人才培养，现为广东海洋大学、广东岭南师范大学、广东肇庆学院、广东理工学院、广州农工商职业技术学院、广州城建职业学院等高等院校的学生实习基地。公司的发展，离不开社会各界人士的大力支持和帮助。我们坚持"服务至上、与客户实现双赢，共同发展、与员工分享成果"的理念，争取更大的发展，为社会多做贡献。让我们共赢、共享！

地址：深圳市龙岗区坂田街道黄君山125号　　电话：(0755)89585738

网址：http://landes-sz.com　　邮箱：landes@landes-sz.com

皖建生态

技术赋能革新中华匠艺
创新聚力共生和谐生态

以新思维打造新平台

以新担当成就新作为

以新科技构建新生态

以新服务创变新园林

琢创美景　　点化自然

建筑装修装饰工程承包壹级　　市政公用工程总承包贰级

　　皖建生态环境建设有限公司始创于2002年，注册资本金1.2亿元，是国家级高新技术企业，是集风景园林、生态修复、环境治理、城乡造林、文化旅游、新农村建设等设计、施工、养护、研发、投资、咨询服务以及苗木生产销售等于一体的综合性生态服务型企业。

　　公司自成立以来，始终坚持以人才为本、诚信立业的经营原则，经过近二十年的坚实运营，如今的皖建生态力图革新创变，以"用心、创新、匠心、恒心"的企业精神，争做美丽生态的践行者、贡献者和引领者。公司先后荣获中国园林绿化综合竞争力百强企业、中国园林绿化AAA级信用企业、安徽省林业产业化龙头企业、安徽省园林绿化50强企业、安徽省优秀市政施工企业等诸多荣誉，现已跻身安徽生态文明建设优质企业前列。

地址：安徽省合肥市金鼎国际广场A座20楼
电话：0551-65859818
传真：0551-65852388
邮编：230041
网址：www.wjecology.com

皖建生态环境建设有限公司
WAN JIAN ECOLOGICAL ENVIRONMENT CONSTRUCTION CO.,LTD.

深圳市绿奥环境建设有限公司
Shenzhen Lvao Environment Construction Industrail LTD., CO.

深圳市绿奥环境建设有限公司成立于 1993 年 8 月，是经国家建设主管部门审定的具有城市园林绿化一级、市政工程、建筑工程、城市照明工程、古建筑工程、环保工程、装修工程、钢结构工程、劳务分包、造林工程、清洁服务等资质的企业。公司已通过 ISO9001 质量、ISO14001 环境管理、OHSAS18001 职业健康安全管理体系三项认证，是中国生态环境建设十大贡献企业、中国园林绿化行业优秀企业、广东省优秀企业、深圳市国家级高新技术企业；中国园林绿化 AAAA 级信用企业、广东省守合同重信用企业；广东省风景园林协会理事单位、深圳市风景园林协会副会长单位、深圳市生态学会副理事长单位、广东省企业联合会副会长单位、深圳市企业联合会副会长单位。

优质 高效 诚信 完美

办公地址：深圳市罗湖区清水河一路博隆大厦 1909 室　　联系电话：0755-83193845
传真：0755-83180414　　公司网址：www.szlvao.com